NING XIA TU DI SHA MO HUA
DONG TAI JIAN CE JI YU JING JI ZHI YAN JIU

宁夏土地沙漠化
动态监测及预警机制研究

◎ 温学飞 著

中国农业科学技术出版社

图书在版编目（CIP）数据

宁夏土地沙漠化动态监测及预警机制研究／温学飞著.—北京：中国农业科学技术出版社，2018.6

ISBN 978-7-5116-3662-1

Ⅰ.①宁…　Ⅱ.①温…　Ⅲ.①土地荒漠化-动态监测②土地荒漠化-防治-研究　Ⅳ.①P941.73

中国版本图书馆 CIP 数据核字（2018）第 100329 号

责任编辑	闫庆健　陶　莲
责任校对	李向荣

出 版 者	中国农业科学技术出版社
	北京市中关村南大街 12 号　邮编：100081
电　　话	（010）82109705（编辑室）　　（010）82109704（发行部）
	（010）82109709（读者服务部）
传　　真	（010）82106625
网　　址	http://www.castp.cn
经 销 者	各地新华书店
印 刷 者	北京富泰印刷有限责任公司
开　　本	710mm×1 000mm　1/16
印　　张	13　彩插　2 面
字　　数	248 千字
版　　次	2018 年 6 月第 1 版　2018 年 6 月第 1 次印刷
定　　价	68.00 元

资助项目：

宁夏回族自治区科技支撑项目"宁夏土地沙漠化动态监测及预警机制研究"

宁夏回族自治区全产业链创新示范项目"宁夏多功能林业分区域研究与示范"

国家林业局"退耕还林工程生态效益监测（宁夏）"

国家自然科学基金项目"基于稳定同位素技术的河东沙地植物水分利用研究"

为宁夏农林科学院成立 60 周年（1958—2018 年）献礼！

内容简介

　　沙漠化是全球性的环境问题，给人类带来的损失十分严重，因此防治土地沙漠化是当前生态文明建设的主要问题。宁夏北部地区曾是荒漠化危害十分严重的区域之一，经过几十年的治理，宁夏的土地沙漠化开始逆转，这在全国沙漠治理史上是一个奇迹。《宁夏土地沙漠化动态监测及预警机制研究》一书系统集成了区内外近几十年在毛乌素沙地的研究和监测结果，总结了宁夏土地沙漠化的变化历史、典型治理模式、沙漠化的监测方法及近几十年的监测结果，结合沙漠化的变化分析了其成因和驱动力，并尝试建立了沙漠化的预警机制。本书可作为农林环境部门技术人员的参考书，也可作为高校农林生态环境专业的辅助参考书。

前　　言

宁夏回族自治区（全书简称宁夏）中北部地区东、西、北三面分别被毛乌素沙漠、乌兰布和沙漠、腾格里沙漠包围，因而在低缓丘陵台地上，土地沙化和沙漠化现象普遍，尤以黄河以东陶乐县东部、灵武、盐池县北部的毛乌素沙漠南缘和中卫县西北部腾格里沙漠南缘沙漠化最为严重，地表呈流动沙丘及沙带成片分布。其余地段呈流动沙丘及沙地、半固定沙丘、固定沙丘、石质荒漠相间分布。土地沙化不仅造成区域生态环境的严重恶化，而且成为严重影响宁夏人民生活和生产，制约经济、社会可持续发展的主要因素之一，并且在一定程度上影响到国家的生态安全。

多年以来，宁夏的土地沙漠化防治工作，一直得到党和国家的高度重视和地方各级政府的大力支持。通过多年的治沙经验，宁夏建立了独特的治沙技术体系：形成以政府主导、科技支撑、工程拉动、政策扶持、经济互动、产业巩固、综合治理的防沙治沙运行机制、综合治理技术体系，创新了宁夏治沙模式，推进了宁夏治沙进程。宁夏在土地沙化治理方面，主要是对退化草场进行划管封育、封山育林、封沙育草、退耕还林还草、人工造林种草、飞播造林种草、开发建设扬黄灌溉区、井灌区以水治沙，发展沙产业，形成防、治、用一体化治沙工程体系，在工程布局、政策机制、科技创新等方面进一步加大了防治荒漠化的工作力度，土地沙漠化从整体上呈现出逆转的局面，治沙实践取得了显著成效，有力地促进了区域经济和社会发展。

应用3S技术监测宁夏沙漠化土地的现状，及时、准确掌握荒漠化发生、发展的程度和规律，是有效防治荒漠化的重要手段。对荒漠化土地的评价、监测和沙漠化防治具有重要支撑作用，为恢复植被、改善生态环境、促进经济建设可持续发展提供参考。此外，从宏观领域分析沙漠化的演变过程、分析沙漠化的驱动力、预测沙漠化的发展趋势对发展了解沙漠化发展过程、巩固沙漠化治理的成果、制定沙区社会经济发展规划、实现可持续发展和促进生态文明建设具有重要意义。

宁夏土地沙化动态监测全面反映了当前宁夏沙漠化现状及动态变化趋势，分析了宁夏三十年来沙漠化的发展演变过程和相关地理信息数据及图件，定量揭示了宁夏土地沙漠化景观动态变化过程及其发展趋势。科学评价了宁夏沙漠化防治所取得的成绩，准确把握了当前宁夏沙漠化土地类型、程度和动态变化。宁夏沙化土地的变化趋势可分为两个阶段，第一阶段是 70 年代以前，沙化土地是一个增加的趋势，20 年间沙化土地面积由 1949 年的 128.4 万 hm² 到 1970 年的 132.7 万 hm²，增加了 4.3 万 hm²。第二阶段是 20 世纪 70 年代以后，沙化土地是一个减少的趋势，从 1970 年的 132.7 万 hm² 减少到 2014 年的 112.5 万 hm²，45 年减少了 20.2 万 hm²。通过五次对宁夏全区荒漠化土地监测结果表明，对 1994、1999、2004、2009、2014 年土地沙化程度进行调查对比：土地沙化程度总体是由极重度—重度—中度—轻度转变。宁夏土地沙漠化处在一个"整体进一步好转、局部地区土地荒漠化仍存在潜在危机的阶段"的过程。

本书是课题组成员集体努力的结果，也是多年辛勤工作的成果。本书在成书的过程中得到宁夏农林科学院荒漠化治理研究所许浩、左忠、姜爱东、刘华、王东清等同志大力支持，再次表示衷心的感谢。本书成书时间仓促，书中不妥之处和疏漏，敬请各位同仁批评指正。

著者

2018 年 3 月 18 日

目　　录

第一章　项目的基本情况

一、项目意义

  沙漠化是当今全球关注的一个重大社会、经济和环境问题，它严重威胁人类的生存，阻碍资源、环境和社会、经济的可持续利用与发展。据统计，全世界沙漠和沙漠化土地占全球土地面积的35%，全球100多个国家和地区，其中2/3受到沙漠化危害，沙漠化使全世界每年至少蒙受420亿美元的经济损失，尤其对发展中国家的经济发展和人民的生存构成了严重的威胁。中国是世界上沙漠化危害严重的国家之一，沙漠化土地占国土总面积的16%。目前沙漠化以每年3436km^{2}的速度扩展着。我国政府认真履行《联合国防治荒漠化公约》义务，自20世纪70年代以来，先后启动了一系列重大生态建设工程治理沙化土地，21世纪全面实施西部大开发战略成效显著，西部生态环境得到显著改善。我国治理荒漠化的总体目标是再用10年左右的时间，基本遏制荒漠化扩展的趋势；到2030年实现人进沙退；到2050年争取凡能治理的荒漠化土地基本得到治理（石书兵，2013）。

  宁夏回族自治区（简称为宁夏，全书同）地处西北干旱区，是我国沙漠化较为严重的区域之一。沙漠化给宁夏社会经济发展造成了严重的负面影响。多年来，宁夏的荒漠化土地治理和防沙治沙工作得到了党和国家的高度重视及地方各级政府的大力支持。中华人民共和国成立以后宁夏先后采取一系列强有力的措施，在工程布局、政策机制、科技创新等方面进一步加大了防治荒漠化工作的力度。经过几十年的努力，宁夏在防沙治沙技术领域取得长足发展，在草方格固沙、防风固沙林营造、沙产业发展等领域达到了国际领先水平。沙漠化治理工作取得了显著成效，先后治理沙漠化土地39万hm^2，境内流动沙地和半固定沙地分别减少37.9%和59.7%，在全国率先实现沙漠化逆转。同时宁夏还是"五带一体"世界治沙技术模式的创造和输出地。

  虽然宁夏在治沙单项技术领域取得了诸多成就，但在严酷的自然条件下，面对人口及经济发展的压力，资源的保护与利用不协调的矛盾仍十分突出，未治理区治理难度加大，已治理区利用存在着再次沙化的风险等。因此，在总结成功经验或教训的基础上，以创新的理念研究和优化宁夏沙漠化土地动态监测，对有效遏制沙漠化的发展、防止已治理沙地的反复、促进沙区社会经济发展具有重要意义。目前宁夏在宏观层面对沙漠化现状监测还依赖于国家层面的调研数据。而大尺度的调研数据远无法满足宁夏对沙漠化监测预报的需求。同时宁夏在利用 3S 技术防止荒漠化领域发展还远远落后。因此，应用 3S 技术监测宁夏沙漠化土地的现状，及时、准确掌握荒漠化发生、发展的程度和规律，对了解沙漠化的现状、沙化土地的评价与防治具有重要意义。

沙漠化监测的传统方法是针对研究区进行连续定点的荒漠化类型和程度等的调查、记录分析。这种方法对小尺度对象的监测是可行的，但要实现中大尺度（县及县以上单位）范围的监测，需要大量的野外调查获取地面信息，因此传统方法有很大的局限性。3S 技术的兴起和发展为沙漠化监测提供了新手段和技术，其监测成果更为准确和精细，展现形式也更为直观。过去 10 年，应用 3S 技术在沙漠化监测领域得到了很好的普及应用。应用 3S 技术监测宁夏沙漠化土地的现状，及时、准确掌握荒漠化发生、发展的程度和规律，是有效防治荒漠化的重要手段。对荒漠化土地的评价、监测和沙漠化防治具有重要支撑作用，为恢复植被、改善生态环境、促进经济建设可持续发展提供参考。此外，从宏观领域分析沙漠化的演变过程、分析沙漠化的驱动力、预测沙漠化的发展趋势对发展了解沙漠化发展过程、巩固沙漠化治理的成果、制定沙区社会经济发展规划、实现可持续发展和促进生态文明建设具有重要意义。

利用 3S 技术和沙漠化预警模型进行土地沙漠化灾害预警，并及时发现土地沙漠化警情，为有关部门提供土地沙漠化预警信息，使相关部门能够提前采取防护措施，减少土地沙化造成的危害。对推进干旱区缓变型地质灾害（沙漠化、水土流失）的监测和预警具有重要的支撑作用，对宁夏生态保护和荒漠化防治具有一定的指导意义，同时也可为今后开展干旱、半干旱地区复合荒漠化土地类型的监测和预警提供了一种新的思路、新的理论与新的监测方法。该研究也将为政府决策、社会防灾减灾以及区域安全稳定奠定基础。随着近几年来计算机事业的发展，用计算机进行信息管理已经成为其新兴领域。沙漠化地区是一个由自然、社会经济、人文地理组成的复杂系统，是物质、能量、信息的统一体。它的资源、环境、人口、生产管理方面的数据都具备空间分布和时间顺序两项特点，因而可以和地理信息系统连接。所以建立荒漠化动态监测与评价信息系统具有很大的现实意义。

对沙漠化的监测与预警是沙漠化防治的基础，研究意义重大。由于沙漠化的成因复杂，相关观测数据匮乏，迄今为止对沙漠化的监测还不充分，而对沙漠化的预警才刚刚开始，值得进一步深入研究。本项目针对沙漠化监测与预警的研究主题，从沙漠化监测与预警的基本理论出发，运用先进的技术手段，构建宁夏沙漠监测与沙漠化预警模式。

二、相关领域国内外技术现状和发展趋势

1. 荒漠化监测研究概况

荒漠化监测，是 20 世纪 90 年代中期随着《联合国防治荒漠化公约》的签署而兴起的一个新兴领域，目前尚无成型的监测技术体系，世界各国都在积极进行探讨和研究。在与荒漠化监测紧密相关的生态监测领域，积长年之研究成果，已经形成了一套完整的监测技术体系，可以借鉴（孙保平，2000）。荒漠化监测主要是通过定期调查，掌握我国荒漠化土地的现状、动态及控制其发展所必需的信息，为国家、省（区市）防治荒漠化和制订政策、编制和调整规划计划，保护、改良和合理利用国土资源，实现可持续发展战略提供基础资料，为防治荒漠化服务。同时，也是履行《联合国防治荒漠化公约》，开展国际交流与合作的需要。它的主要任务是定期提供全国和各省（区、市）干旱地区不同荒漠化类型和程度的土地面积现状、动态宏观数据，分析自然和人为因素与荒漠化过程的相互关系，为防治荒漠化提出对策与建议。

中华人民共和国成立以来，中国政府和人民对荒漠化进行了积极的防治。作为防治荒漠化的基础性工作，在荒漠化调查和监测方面，也一直十分重视。《联合国防治荒漠化公约》签署前，作为一个专业名词，过去我国一直把Desertification 译作沙漠化，局限于土壤风蚀，流沙扩展所反映的土地退化，国际上也对荒漠化的本质、成因等方面的认识存在不同的看法。《联合国防治荒漠化公约》给出了荒漠化的定义，其得到了大多数人的认同。尽管对荒漠化存在认识上的差异，在过去的几十年中，我国科学工作者和有关部门对荒漠化所涉及的领域进行过许多理论研究，进行了大量的资源调查工作，在国民经济建设中起到了积极的作用。这些工作对今天开展荒漠化监测具有极大的借鉴意义，有关的方法和标准是今后荒漠化监测的基础。

1959 年，中国科学院成立治沙队，围绕"查明沙漠情况，寻找治沙方针，制定治沙规划"的任务，连续 3 年对我国沙漠戈壁进行了多学科考察，基本查明了我国沙漠戈壁的面积、分布等情况，为国家治沙决策提供了依据。20 世纪 80年代初，水利部组织了全国土壤侵蚀调查，采用遥感方法，对全国土地的包括风蚀、水蚀和冻融在内的土壤侵蚀状况进行了调查，编制了 1：50 万到 1：100 万的土壤侵蚀图，这对于国土整治，特别是水土保持来讲很有意义。80 年代，中国科学院自然资源综合考察委员会应用遥感方法对全国土地资源进行评价，查明

了全国盐渍化土地、退化土地及土地利用状况，编制了 1：100 万土地资源图。农业部门组织科研人员对中国南、北方草场资源情况进行了调查。由于经济发展的需要，有关部门先后组织完成了许多与荒漠化有关的资源调查，如全国土地详查、土壤普查、森林资源清查等。

朱震达等在 20 世纪 80 年代初期根据 50 年代后期和 70 年代中期航片的对比分析和野外考察，提出东起科尔沁草原经围场、丰宁北部、张家口的坝上地区，内蒙古自治区锡林郭勒盟南三旗至乌兰察布草原的商都、四子王旗、武川、达茂旗至固阳北部的草原农垦区是近半个世纪以来沙质荒漠化蔓延最明显的地区，尽管这些地区并无原生沙漠与之相毗连，不存在沙漠中流动沙丘扩展入侵的危险。高尚武等在 1995—1997 年，按干旱、半干旱和受干旱影响的亚湿润区域，分别选取甘肃、宁夏和内蒙古自治区部分旗县作为研究地点。通过随机抽样设置样地。采用 GPS 确定样地的中心位置，利用 TM 遥感资料初步建立了一个植被盖度、裸沙占地百分比和土地质地三个指标组成的沙质荒漠化监测评价指标体系。

1994—1996 年，林业部组织技术人员在全国范围内进行了沙漠、戈壁及沙化土地普查。这次普查的面积为 457 万 km^2，采用地面调查与最新遥感影像核对的方法，首次全面系统地查清了我国的沙漠、戈壁及沙化土地面积、分布现状和最近 20 年来的发展趋势，为防沙治沙和防治荒漠化提供了非常有用的信息数据。从调查方法上看，经历了实地考察、遥感调查直到现在的抽样与"3S"技术应用，调查手段和方法有了很大的发展，调查周期越来越短，调查数据的现实性更强，数据的精度也更高。随着信息时代的到来，经济建设对信息的需求越来越高，荒漠化监测将日益显出它的重要性。除了资源调查外，在荒漠化相关领域的理论研究也取得了重要进展，在风沙物理学、沙漠成因、沙丘类型、干旱植被、防风固沙机理、干旱地区资源遥感、沙漠土壤、沙漠水文、评价指标等方面进行过系统的研究。这些研究成果为荒漠化监测奠定了良好的基础。

1995—1996 年，中国防治荒漠化协调小组办公室组织有关部门的专家学者，利用我国境内 1864 个气象台（站）1981—1990 年的气象数据，按公约要求，计算、划分气候类型，确定了荒漠化发生的气候地理区域。利用已有的沙化土地普查及土壤侵蚀、草场资源、土地资源调查资料，编制了 1：100 万和 1：250 万全国荒漠化土地分布图，初步搞清楚了全国的荒漠化状况，并在此基础上编写了《中国荒漠化报告》。根据该报告，全国发生荒漠化的地理范围（湿润指数 0.05~0.65 的地区）总面积为 331.7 万 km^2，占国土总面积的 34.6%；荒漠化土地面积为 262.2 万 km^2，其中风蚀荒漠化土地 160.7 万 km^2，水蚀荒漠化土地 20.5 万 km^2，冻融荒漠化土地 36.3 万 km^2，盐渍化土地 23.3 万 km^2，其他原因引起的荒漠化土地 21.4 万 km^2；沙化土地面积每年以 $2460km^2$ 的速度扩展。荒漠化严重制约着干旱地区的经济发展（林进，周卫东，1998）。

受气候变异及人类活动（包括破坏和治理两方面）的影响，荒漠化状况会不断发生变化。1994年10月林业部代表中国政府在法国巴黎签署（联合国防治荒漠化公约）后，根据国内防治荒漠化对信息的需求和《联合国防治荒漠化公约》中有关缔约方进行信息的收集、分析和交流的条款，中国政府决定成立荒漠化监测中心，以能及时掌握荒漠化现状和变化的宏观信息，评价危害程度和防治效果，为制订政策、编制计划和规划提供信息资料。荒漠化监测是防治荒漠化的一项基础工作，中心成立后，在全国防治荒漠化工作协调小组秘书处的领导下，就建立全国荒漠化监测体系开展了一系列的技术准备工作。1994年底至1995年初，制定了《中国荒漠化监测原则技术方案》，通过了专家论证。1995—1996年进行了宁夏试点，就原则技术方案所提出的技术思路进行研究探索，基本明确了监测的技术方法。在宁夏试点的基础上，编写了技术方案和技术规定，计划1998年开展第一次荒漠化监测工作。

我国利用气象卫星进行全国范围的植被覆盖及变化的研究刚刚开始，盛永伟利用6km分辨率的气象卫星植被指数（NDVI）数据，根据NDVI的时间序列特征，采用动态聚类方法对我国植被进行了宏观分类。史培军等基于N以A/NDVI值动态变化区域规律分析了中国植被覆盖进行了分类。潘耀忠等利用反映区域植被分布格局的气候综合指标可能蒸散，按照反映地带性分别特征的量化数字模型，结合数字高程模型等多维信息，对AVHRR连续时间绪论影像进行了中国土地覆盖的综合分类。对MODIS数据的研究也逐步开始，伍菲曾用MODIS数据对我国东北地区的土地利用进行分类，实现对MODIS数据的连续覆盖定量估测，生成东北地区林地、草本、裸地3种类型的连续覆盖图。张里阳曾做了EOS/MODIS的处理方法和地表覆盖的研究，试验了北京地区MODIS数据的ISO-DATA非监督分类。刘惠英研究了MODIS数据的干旱区土地覆被分类和湖泊监测。许多研究者曾尝试利用N以A系列气象卫星上AVTIRR仪器获取的低空间分辨率、高时间频率数据来生成区域尺度陆表覆盖数据集。

几乎毫无例外，这些研究都用到了归一化植被指数（NDVI）值，就是将一个时间序列的NDVI图像对于每一象元取最大NDVI值进行合成。合成的目的是为了消除那些被大气和气溶胶散射严重影响的测量值。红波段和近红外波段散射影响的差别会削弱NDVI值，云污染也会削弱NDVI值，因为云在红波段和近红外波段都有很强的反射。NDVI值的合成进一步减小了与视和照度几何有关的易变性（Holben，1986），也就是说，在向前散射方向附近的观测值会产生稍高的NDVI值，并因此被优先选取。合成时段要根据所预期的植被变化频率和产生无云图像所需的最小时间长度二者之间折中选取。

2. 荒漠化动态监测研究概况

土地沙漠化的动态监测，一般是在遥感数据分析和野外实地考察的基础上，建立沙漠化土地类型和程度的指标体系，对不同的遥感信息源进行解译、分析和空间定位，得出不同时期沙漠化土地的空间分布情况。这种方法可以得出沙漠化土地面积和程度的变化趋势。沙漠化成因因其要素多，涉及范围广，且其监测指标具有很强的通用性，因此一般由相应的政府部门来完成，比如风速、风向、降水量、温度等气象要素主要由气象部门进行监测。河道水量、水位以及水的利用分配则由水利部门来监测，而社会经济状况则主要由统计部门进行监测。因此作为沙漠化学术研究而展开的监测最多的是风沙活动监测和土地沙漠化状态的遥感监测。土地沙漠化的发生、发展与土地利用有着直接的关系。从土地利用变化角度分析沙地变化不仅可获取沙地的动态，还可得出沙地的转化源及转化方向，进而分析土地沙化过程，探讨沙地变化的驱动力。张国平等在研究中国及西藏自治区（以下简称西藏）沙地变化时，通过提取沙地与其他土地类型间相互转化的动态数据，较好地阐述了沙地的时空变化及其驱动力，指出土地沙漠化由气候变化和人类活动共同引起。温跨达对新疆维吾尔自治区（以下简称新疆）1950—1990 年的沙化状况及其原因进行了分析，结果表明新疆沙化严重，且人类活动对新疆沙化作用已明显地超越了自然干旱作用；自 1987 年以来，新疆维吾尔族自治区地区温度和降水普遍增加，气候出现由暖干向暖湿发展的信号；20 世纪 90 年代以来，新疆土地利用变化迅速，且以耕地的大幅扩张最为显著。利用"3S"技术开展的资源环境宏观遥感调查，获取各环境背景数据库及多个时期土地利用动态变化数据库，为获取沙地面积变化的时空信息及开展土地沙漠化监测的研究提供了有效手段。以中国科学院资源环境宏观遥感调查获取的新疆 20 世纪 80 年代末（1990 年）、20 世纪 90 年代末（2000 年）、2005 年、2008 年 4 个时期土地利用数据为基础，在 GIS 的支持下，用土地利用转移矩阵和土地利用变化状态与趋势模型分析新疆沙地的时空变化，并对其驱动力进行探讨，旨在通过研究沙地在人为强烈干预以及气候变化因素影响下的变化特征，为防沙治沙提供参考时空信息及决策支持。

随着 3S 技术的发展，遥感监测在土地沙漠化的面积提取和实时沙化状况研究中被大量的运用。吴薇（1997）利用 1987 年和 1993 年的 TM 数据对毛乌素沙地沙漠化面积进行提取，并进行了比较。王让会（2000）应用多时相（1959 年、1983 年、1992 年）、多波段、多平台的遥感信息，在 ARC/INFO 软件支持下，对塔河下游阿拉干地区的土地沙漠化面积进行了研究。沙占江（2000）、李凤霞（2003）利用遥感与 GIS 建立了龙羊峡库区地理信息系统，探讨高寒干旱与半干旱地区土地沙漠化动态变化。陈雅琳（2008）利用四期遥感影像对库布齐沙漠东部达拉特旗的农牧交错区土地沙漠化的动态变化进行了研究。

随着土地沙漠化的信息的提取和动态变化监测的研究大量的出现，利用遥感信息提取沙漠化的信息的方法也取得了较大的进展。牛宝茹（2005）提出植被盖度分割和缨帽变换分割两种沙漠化程度遥感信息提取方法，并与传统的监督分类法进行比较，其精度大大提高。曾永年（2005）探讨了沙漠化与植被指数（ND-VI）、地表辐射温度（LST）之间的关系，提出了沙漠化遥感监测差值指数（DDI），2006年基于 Albedo-NDVI 的特征空间提出了沙漠化遥感监测模型。买买提·沙吾提（2008）探讨了 ETM+ 的全色波段与多光谱波段基主成分融合的沙漠化信息的提取方法，并利用 BP 神经网络模型进行沙漠化信息的提取，对沙漠化土地的光谱特征分析及其波段间的相互运算，用决策树分类的分层分离的方法，提取沙漠化土地信息。在遥感和 GIS 技术的支持下，土地沙漠化环境管理系统也随之降生。

20世纪80年代，随着系统动力学、3S技术和计算机技术的发展，遥感监测预警技术逐步应用于环境监测、灾害监测、农业资源监测和社会可持续发展领域。预警的方式主要有指标预警法、统计预警法和模型预警法。指标预警法具有简单、实用和快速的特点，是统计预警法和模型预警法的基础。在建立预警系统时，应首先设计指标预警系统，其次是统计分析预警系统，最后建立模型预警系统。警兆识别的方法有：K-L信息量法、ARIMA时差互相关分析法、聚类分析法、马场法、循环方式匹配法。划分警度方法有：系统化法、控制图法、综合评判法、突变论法、专家确定法。预警的主要模型有：层次分析法模型、系统动力学模型、3SWARM系统仿真模型、神经网络模型、道夫尼尔公式模型、荒漠化危害预警模型。90年代在土地退化评价中TM、MSS、SPOT、NOAA等多种时空分辨率遥感数据开始融合，遥感影像处理软件ERMAPPER、ERDAS、ENVI同一些GIS软件如ARC/INFO、PCI、MGE也逐步集成使用。随着美国用于全球定位系统的24颗卫星在1993年6月最终全部发射成功并提供各国使用，实现米级以内精度在全球坐标系中的定位，遥感（RS）、全球定位系统（GPS）和地理信息系统（G1S）一体化的3S信息技术，作为定量化遥感的发展方向，实现了从信息获取，信息处理到信息应用的一体化技术系统，具有获取准确、快速定位的现时遥感信息的能力，实现数据库的快速更新和在分析决策模型的支持下，快速完成多元、多维复合分析，使遥感对地观测技术跃上一个新台阶，同时有力地推动了空间技术应用的发展，从而使基于3S的荒漠化评价与监测的技术路线应运而生。

21世纪以来关于荒漠化的预警研究逐步火热起来，而关于沙漠化的预警则主要被包括在荒漠化预警之中。首先是预警指标体系逐步科学化、定量化。关文彬（2003）阐述了预警思想在荒漠化防治中的应用，建立了包括荒漠化地区生态脆弱度、荒漠化发生危险度评价的荒漠化危害预警模型。王葆芳（2004）依据地表形态、植被、土壤三大特征9项指标（裸沙占地百分比、地表结皮、植被盖度、植被生物量、土壤有机质、全氮量、速效磷、速效钾、土壤物理黏粒含量），应用多元回归方法筛选评价指标，采用多因素综合指标分级数量化法建立了地方、区域、国家3种尺度的沙质荒漠化土地现状监测评价指标体系。李虎（2004）以新疆维吾尔自治区艾比湖地区为例，利用3S和荒漠化监测指标体系对荒漠化进行监测评价，荒漠化指标体系由土地利用类型和监测指标组成。土地利用类型分为风蚀荒漠化土地、水蚀荒漠化土地、盐渍荒漠化土地、复合荒漠化土地；监测指标主要有：林地类型、植被盖度、土壤质地或砾石含量、覆沙厚度、地表形态、沙丘密度、植被群落类型，并构建数据库，绘出荒漠化等级图。卞建民（2001）以GIS与人工神经网络模型相结合，以松嫩平原西南部为例，对荒漠化（土壤盐渍化）进行了预警研究。王忠静（2004）以疏勒河流域为背景，在GIS平台支持下，应用预警模型分析了该流域昌马灌区农业综合开发后的荒漠化趋势，对灌区荒漠化的发展趋势和潜在危险性进行了分析判断。张东（2005）年以浑善达克地区为研究区，从植被、气候、土壤和社会经济四个方面选取年沙尘暴日数、大风日数、降水量、人口密度、载畜量、土壤有机质含量、土壤腐殖质层厚度、生产力下降百分率、植被覆盖度、土壤结皮程度10个指标建立沙质荒漠化灾害预警指标体系，并采用层次分析模型确定因子权重。陈建平（2004）利用3S技术，结合元胞自动机理论构建出一套荒漠化动态模拟模型，对北京及邻区荒漠化的发展趋势进行预测，对预警线也进行了一定的研究。李谢辉（2008）运用MODIS时间序列数据，以和田绿洲为例，在对2002年、2004年（Seasonal Maxi-mum Value Composite NDVI）图进行分类后，通过对土地覆盖变化类型多度、重要度和评价等级的计算，提取了过渡带生态环境变化的预警线。丁建丽（2009）以植被覆盖度为主要指标结合土地利用图提出绿洲—荒漠交错带的生态过程敏感线。

从已有的研究看，首先是目前沙漠化预警技术研究还处于初级阶段，其完整的预警理论体系还没有形成，沙漠化预警理论还值得进一步深入研究。其次是目前大部分沙漠化预警模型的预警指标繁杂，没有通用性，这使其适用性存在一定问题。最后是目前已经研究的沙漠化预警模型的空间尺度都过大，大部分为了适应社会经济统计数据，其研究的最小单元为县（市），这种县（市）尺度的预警对实际生产生活的指导性也存在较大缺点，需要构建一个新的栅格空间尺度的预警模型，且监测指标也要较少，使其沙漠化预警模型具有较好的推广性。总之，沙漠化的监测和预警都还需要进一步的研究。

三、荒漠化技术框架及评价指标体系

1. 荒漠化监测的层次

（1）荒漠化土地宏观监测。以省（市、自治区）干旱地区为总体，采用遥感技术及抽样方法（1999），提供各省（市、自治区）干旱地区的荒漠化土地面积现状和动态宏观数据。各省（市、自治区）数据之和即为全国数据（张克斌，申元村，王贤，2002）。其中，荒漠化和沙化土地面积较小且分布零散的省区采用地面调查（杨维西，李梦先，1999）。

（2）重点地区监测。主要是对荒漠化扩展活跃地区或治理成效显著地区以及突发性事件（如沙尘暴、水灾、工矿开发）造成土地荒漠化地区进行特殊监测，其监测范围与时间间隔均根据情况需要而定（杨维西，李梦先，1999）。根据需要和条件，定期提供受关注局部地区的荒漠化土地面积现状和动态详细情况。

（3）典型定位监测。根据自然和社会经济特点，在不同类型区选择有代表性的地点建立固定的监测站点，对与荒漠化形成的相关因子进行长期系统的监测，提供荒漠化发生发展的成因、过程与治理对策及效果等，以定位观测土地荒漠化过程。

上述荒漠化监测的 3 个层次，相互独立，互为补充，构成了荒漠化监测的有机整体。其中第一个层次，即面上宏观监测主要提供全国荒漠化土地及沙化土地的宏观数据，即监测的结果。而后两个层次则从不同侧面提供了对全国宏观监测结果的分析、阐释，并可据此提出对策与建议（林业部防治荒漠化办公室，1995）。

2. 监测技术

荒漠化土地宏观监测以五年为一个监测周期，重点地区的监测周期根据技术、经费状况确定（林进，周卫东，1998）。我国的研究人员近期已根据国际上广泛应用的 C. W. Thornthwaite 经验公式（Thomhtwaite CW, 1948），利用中国境内 1864 个气象台（站）1981—1990 年的气象数据，计算、划分为极干旱、干旱、半干旱、亚湿润干旱及湿润气候类型区。荒漠化监测可以分为地面监测、空中监测和卫星监测 3 种方法。地面监测又称人工监测，他主要是通过人工地面观察、测量和建立生态监测站的方法进行。后两种方法又称遥感监测。

3. 荒漠化典型定位监测

作为荒漠化监测体系的重要组成部分的典型定位监测，主要目的是为荒漠化监测提供一定地区更为详细的土地荒漠化成因、过程、发展动态、治理成效等基础数据，为分析荒漠化提供基础支撑，同时，也是开展国际交流与合作的需要。

（1）土地利用状况（结构）。考虑到土地利用对荒漠化的影响，因此土地利用状况监测是荒漠化监测的主要内容之一。定位监测就是对区域内土地利用情况进行调查统计，如对监测区内耕地、林地、草地居民及工矿交通用地变化情况进行调查。

（2）社会经济状况。具体包括调查当地土地面积、人口及密度、总产值及各业产值、农牧民收入状况、畜牧业状况（数量、结构）、农林牧各业产量、载畜量（理论与实际）、农村能源状况等。

（3）气候变化状况。主要包括温度、降水（包括雨量、强度、雨型）、大风及风沙日数、沙尘暴发生频率、地表辐射率、干燥度等。

（4）植被变化状况。调查监测区内植被的分布、组成、生物量、多度、盖度等因子。

（5）土壤状况。土壤机械组成、水分、养分、盐渍化变化状况，地表形态。

（6）与荒漠化有关的主要社会经济活动。包括经济、生产、交通等各种人为造成土地荒漠化的活动。

（7）荒漠化治理状况。对现已实施或正在实施的治理工程及所采用的治理措施、治理方式和效果进行评价分析。

四、项目目标

本项目拟通过对遥感影像的解译，了解宁夏区沙漠化土地的分布与发展现状，分析过去几十年以来宁夏区沙漠化的发展演变过程，结合气候变化、土地利用、社会经济发展数据分析土地沙漠化的驱动力；结合 GIS 和 GPS 技术，进行野外调查，收集沙化区域的基础生态环境数据，对沙漠化土地进行分级，建立相关的预测预报模型，掌握沙漠化的发展趋势，为宁夏区沙漠化土地治理和社会经济发展提供数据支持。

1. 研究内容

（1）宁夏土地沙漠化现状及分级。对遥感影像进行解译，结合地理空间分析技术与野外调查，了解宁夏区土地沙漠化现状，并进行沙漠化程度分级，绘制荒漠化土地的分布图，统计各类型沙漠化土地的面积，提供宁夏区土地沙漠化的现状数据。

（2）宁夏土地沙漠化动态过程与发展态势。在分析沙漠化及其逆转过程的基础上，结合全球变化、社会经济发展等因素，分析土地沙漠化的发展过程，并预测宁夏区土地沙漠化的发展趋势。

（3）基于土地利用变化的土地沙漠化驱动力分析。对比沙化土地面积及分布情况，结合气候变化、经济社会发展、生态环境政策，解决相关社会、经济指标在沙漠化过程中的量化方法和对沙漠化过程的影响权重，并根据各指数的变化趋势与沙漠化过程的关系，分析土地沙漠化形成机制、作用机理和影响强度。探讨土地沙漠及沙漠化逆转的机制。

（4）土地沙漠化敏感性评价。结合沙漠化土地湿润指数、大风天数、土壤质地、植被覆盖度等因子，依据沙漠化敏感评价指标及分级的标准进行单因子敏感性评价。在此基础上，通过空间叠加分析获得宁夏土地沙漠化敏感性综合评价图，以此为基础进行分析不同级别和不同区域土地沙化的敏感性。

（5）宁夏沙漠化土地沙漠化预警机制研究。依据影响土地沙漠化的因子建立土地沙化预警指标体系，并引入因子强度、因子权重系数、沙漠化程度指数、调节系数等参数后建立沙漠化预测模型；对各指标因子进行数据量化和离散化处理，得到其栅格尺度的空间分布；基于预测结果进行警级定义和预警分析，指出研究区需要沙漠化预警的区域和程度。在定义警级标准的基础之上，根据预测结果确定研究区沙漠化在以上两种情况下的警级分布，对比并指出需要预警的区域和程度。

2. 研究方法

遥感图像解译：收集20世纪80年代末、90年代中期、2000年前后、2006年及2012年5个时期的TM影像（分辨率30m×30m），采用ENVI软件进行遥感图像处理和监测分类工作。

现状图的绘制：在遥感解译和野外调查的基础上，采用Arcgis绘制沙漠化土地的现状与分级。

驱动力分析：在野外调查、社会经济调查的基础上，采用常规统计学方法、层次分析法、趋势分析法、主成分分析法等研究各因子与沙化土地面积程度的相关性，并排序。

土壤采样：对沙漠化动态变化较大的地方进行土壤采样，其采样期间无明显降水，采用土钻对0~15cm层土壤进行混合采样，采样点主要布置于荒漠植被区。

植被盖度：利用遥感数据反演植被盖度，并进行实地验证。选用植被绿的TM影像，并达到最大盖度的80%左右。利用1:10万地形图对影像进行几何校正，运用ENVI4.7进行辐射标定，利用Flash模块进行大气校正，并计算归一化植被指数（NDVI，下式值为NNDVI）。参考张仁华等提出的植被盖度与植被指数的模型反演植被盖度。

土地利用：对监测区内土地利用情况进行调查统计，如对监测区内林地、草地、耕地以及其他用地的变化情况进行调查。

社会经济：具体调查当地土地面积、人口以及密度、总产值以及各产业值、农民收入状况、畜牧业生产状况等。

土壤状况：土壤机械组成、水分、养分、变化状况等，地表形态。

沙漠化治理：对现已实施或正在实施的治理工程所采取的治理措施、治理方式或效果进行评价分析。

气象资料：主要包括温度、降水、大风及风沙日数、干燥度等。

典型区域定位观测：在不同类型区域选择有代表性的地点建立固定的监测点，通过对观测点的土壤、植被、气候、荒漠化治理情况以及社会经济状况分析，提供沙漠化发展成因、过程与治理对策效果等。

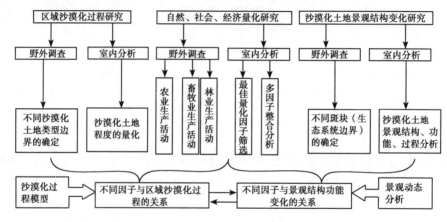

图 1-1　技术路线

3. 项目的技术路线

宁夏沙化监测采用高分辨率遥感数据判读与地面调查相结合的技术方法进行图斑区划，获得各类型沙化土地面积（图 1-1）。沙化土地的动态变化情况根据本次调查数据和前期调查结果获得。沙化监测应用经过几何精校正和增强处理后的卫星遥感数据，在建立解译标志的基础上，利用计算机软件分别按荒漠化和沙化区划条件划分图斑并对调查因子进行初步解译，然后到现地核实图斑界线和调查、核实各项调查因子，按要求建立现地调查图片库，获取沙化土地和其他土地类型的面积、分布及其他方面的信息。

4. 技术关键

（1）采用 3S 技术监测荒漠化的发展过程，绘制荒漠化的历史及现状图。

（2）用统计学方法分析荒漠化的发展过程及驱动力。

（3）采用数学方法建立荒漠化发展的预测预报模型。

（4）结合监测资料、预测模型、气候环境因子和社会经济发展状况对宁夏区土地沙漠化的发展做初步预测。

5．项目创新点

（1）结合 3S 技术监测荒漠化的发展过程及现状，提供宁夏区荒漠化发展变化的相关地理信息数据及图件，定量揭示宁夏土地沙漠化景观动态变化过程及其发展趋势。

（2）建立适合于宁夏区的荒漠化预测预报模型，对宁夏区荒漠化土地发展趋势及时作出预警。

（3）建立宁夏土地沙漠化系统防治对策体系。

第二章　我国沙漠化状况及治理措施

一、沙漠化形成的过程

沙漠的形成、发展与变化，不是由单一因素造成的，而且沙漠的形成因素也不是一成不变的，是各种因素综合作用的结果。

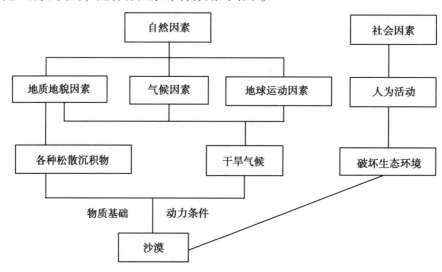

图 2-1　沙漠成因（赵正华，2006 年）

从图 2-1 中可以看出，沙漠的形成因素是复杂多样的，归纳起来包括自然与社会两方面的因素。自然因素主要指地质地貌因素、气候因素、地球运动因素等；社会因素主要是指人类破坏性活动导致脆弱的生态系统严重失衡。其中，自然因素是基本的、主要的，社会因素是从属的、次要的，只起促进或延缓作用。但是，在一定时空内，往往社会因素所造成的后果远比自然因素更直接、更深刻得多（赵正华，2006）。

土地沙漠化的成因虽然以人为经济活动作为诱导的因素，但也有潜在的自然因素作为其发生的基础，只有这两者的结合才能造成沙漠化的发生与发展（朱震达，1989）（图 2-2）。在潜在的自然因素中：一是频繁的、超过临界起沙风（=5m/s）的风力条件及其与干旱季节的时间配置上的一致性；二是以物理性砂粒为主的地表组成物质的松散性，为沙漠化的发生发展提供了沙源。沙漠形成于地质历史时期，进入人类历史时期以后，已经成为复杂的自然—社会综合体。由于人类经济活动对沙漠的形成演变产生着巨大的作用和深刻的影响，所以，在改造治理和开发利用沙漠过程中，必须以区域自然环境为基础，以人的因素为主导，以市场和经济规律为导向，以高科技为手段，以可持续发展为目标，恢复和建立沙漠复合生态系统。

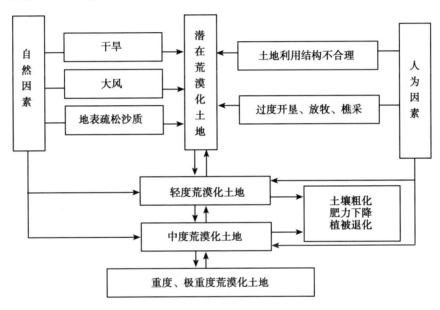

图 2-2　干旱区土地退化荒漠化过程

　　水资源利用不合理，土地干燥化、植被退化与生物多样性衰减过程、土壤盐渍化过程构成地表动力学过程，也是人地关系演进过程中复杂作用的过程。自然驱动力与人为驱动的多数因子对土地退化影响效力都比较大，过度的人为活动是土地退化的主导驱动因素。受退化土地形成的地域性和地表动力过程复杂性的影响，内外在驱动力在时间与空间上的耦合性形成退化土地（沙漠化、盐渍化）的区域机制，驱动力因子团的互动—激发作用形成退化土地的动力机制，驱动力与退化土地的响应又形成正反馈机制，三种作用机制组合成干旱区土地沙化过程的驱动机制（刘蔚，2009）。

二、中国沙漠和沙地现状

中国是世界上沙漠化面积较大、危害较严重的国家之一。大规模的沙漠考察研究工作从 1957 年开始（钟德才，1998）。荒漠化土地面积为 $262.2\times10^4 km^2$，占该区域面积的 79.0%，占国土面积的 27.3%（马世威，1998）。根据王国强资料，中国现有荒漠化土地 $267.4\times10^4 km^2$，占国土面积的 27.9%，其中风蚀荒漠化 $187.3\times10^4 km^2$；土壤盐渍化 $17.3\times10^4 km^2$；冻融荒漠化 $36.3\times10^4 km^2$。荒漠化土地主要分布于 18 个省区 471 个县（旗），其中新疆、内蒙古自治区（以下简称内蒙古）、西藏、青海、甘肃、宁夏、陕西、山西、河北 9 个省区占荒漠化土地总面积的 99%（王国强，2009）。另据朱震达等资料表明：沙漠及沙漠化（即沙质荒漠化）土地总面积为 $153.3\times10^4 km^2$。分布范围从极端干旱地带到湿润地带，涉及的行政区域有 414 个县（旗），其中在干旱地区 102 个，半干旱地区 88 个，半湿润地区 158 个，湿润地区 53 个，高寒地区 13 个（朱震达，1991）。其中沙漠（含沙地以及海岸、河岸和湖岸沙丘、沙堤）总面积 $80.9\times10^4 km^2$，其中流动沙丘约 $44.145\times10^4 km^2$，约占总面积的 54.6%（钟德才，1998）。

据原国家林业局 1994 年 5 月至 1996 年 3 月组织的全国沙漠化普查结果表明，中国风力作用下的沙漠、沙漠化土地及风沙化土地总面积为 1 714 179.03 km^2，占国土总面积的 17.85%，其中沙漠（地质历史时期形成的沙丘和沙地）面积为 483 217.755 km^2；戈壁为 710 730.473 km^2；风蚀残丘（劣地）为 31 976.636km^2；沙漠化土地（指人类历史时期由于自然和社会因素的作用，在干旱、半干旱区域原非沙漠的土地上形成的具有疏松的地表沙物质组成，有风沙活动及其地貌景观特征的沙丘、沙地及其有流沙露头的沙质草地）面积为 434 221.262km^2，占 25.33%；风沙化土地（指中国湿润和半湿润地区，由于自然和社会因素的作用，形成的地表疏松的沙物质组成，具有风沙活动及其景观特征的沙丘和沙地，它与沙地的主要区别除气候条件较好外，沙丘形态较为简单，分布较为零星，且改造利用较为容易）面积为 54 032.913km^2，占 3.15%（朱俊凤、朱震达，1999）。同时，根据国家林业局 2006 年 6 月 17 日最新的公布结果，中国沙漠化土地达到 1 739 700km^2，占国土面积 18% 以上，影响全国 30 个省、自治区、直辖市。沙漠和沙漠化给工农业生产、人民生活及身体健康带来了严重的影响，有 3 亿多人口受到沙漠化的威胁。更为严重的是沙漠化土地每年仍以 3436km^2 的速度继续扩展（图 2-3）。

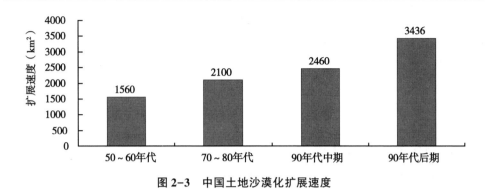

图 2-3　中国土地沙漠化扩展速度

三、土地沙化的危害

（一）土地沙漠化对国家的危害

　　沙漠化不仅导致世界范围内的土地退化，而且也直接造成了巨大的经济损失，是人类共同面临的一个重大环境及社会问题（胡培兴，2002）。沙漠化的危害及其产生的灾害将是持久和深远的，土地沙漠的危害主要体现在两个方面：一是沙漠化造成的直接危害，衰退了土地肥力，土地生产力也在不断下降；二是因为沙漠化的发生给当地民众带来了经济上的影响，农牧民生产受到阻碍，剧增贫困人口数量。土地沙漠化破坏了生态环境，使其变得更加脆弱，从而造成更多的环境问题。土地沙漠化的危害主要表现如下。

　　1. 缩小了人类的生存和发展空间

　　我国北方干旱地区生态环境脆弱，在巨大的人口压力下，土地沙漠化问题较为突出。中华人民共和国成立以来，全国已有 6666.7km² 耕地，23 500km² 草地和 63 900km² 林地成为流动沙地。沙漠化通过破坏地表植被又加剧了生态环境的恶化，造成耕地面积逐年减少，并且风沙逐步紧逼，2.4 万个村庄、乡镇受危害，土地沙化缩小了我们原本就不充裕的生存空间，使数万农牧民被迫沦为生态难民。目前全国沙化土地面积相当于 10 个广东省的辖区面积，5 年新增面积相当于一个北京总面积，并以年均 3436km² 的速度在继续扩展。

　　2. 导致土地生产力的严重衰退

　　随着沙漠化面积的扩大和程度的增强，北方一些风沙区的农田、草场等可利用土地面积越来越少。我国耕地因沙漠化退化面积达到 773.3hm²，占整个沙区耕地面积的 40%。由于风蚀现象，造成土壤有机质和养分严重损失，导致了土地生产力严重衰退，个别地方粮食亩（1 亩 ≈ 667m²，全书同）产只有几十斤。据中国科学院兰州沙漠研究所测算，我国每年风蚀损失折合化肥 2.7 亿 t，相当于全国农用化肥产量的数倍。另外，沙漠化还对牧业生产造成直接损害，沙漠化使全国草场退化面积达 1.38 亿 hm²，占沙区草场面积的 60%。土地沙漠化不仅使草场优质草产量降低，载畜量也在下降，每年少养羊将近 5000 多万只。同时，还导致草场植物群落退化，牧草群落结构变的简单。

3. 造成严重的经济损失

我国沙漠化地区社会经济主要以农牧业生产为主，沙漠化所造成的农田减产，畜群数量减少，往往导致农牧民巨大的经济损失据《中国荒漠化灾害的经济损失评估》，我国每年沙化造成的直接经济损失达 540 亿元，相当于西北数省财政收入的数倍。因土地沙漠化造成沙区农牧民生活比较贫困，我国 60% 以上的贫困县就集中在荒漠化地区，沙区现有国家级贫困县 101 个。在我国受荒漠化危害的 5 万多个村庄中，部分受危害严重的村庄往往因不再适宜继续生活居住而被迫废弃迁居。

4. 加剧了生态环境的恶化

土地沙漠化不仅造成了耕地、草地、林地等可利用土地面积的减少和退化，也造成了生物多样性的减少。由于土地沙漠化过程中生物栖息地受到损害，破碎化和隔离化；同时也造成物种种群以及群落结构受到破坏甚至消失，结果就是物种生产能力降低，使许多物种日趋濒危或消亡。我国特大沙尘暴频发，20 世纪 60 年代 8 次，70 年代 13 次，80 年代 14 次，90 年代 23 次。风蚀过程中产生的一系列沙尘物质等，在风力作用下又对环境产生严重的污染，并可扩及风蚀荒漠化以外的广大空间，加剧了生态环境的恶化（卢琦，2001）。

（二）土地沙化在宁夏的危害

宁夏土地沙化危害的一般特征表现为季节性、方向性和区域性，而其危害方式可归纳为沙埋、风蚀、填淤 3 种。

1. 破坏土地资源，降低土地生产力

在宁夏中北部地区，风力侵蚀导致草场不断退化，土地沙化程度日益加剧。据不同时期的航片显示，一些固定及半固定沙丘逐渐变成流动沙丘。毛乌素沙地每年以 4~7m 的速度向东推进，腾格里高大沙丘每年移动约 2m，低矮沙丘每年移动 3~5m，个别新月形沙丘移动可达 8~12m。盐池、陶乐两县在 1961—1983 年期间，土地沙化面积各以 1.5% 和 1.6% 的年递增速度发展，土地沙化面积的扩大和恶化，使可利用的土地资源减少，条件变坏，土壤肥力下降，导致土地生产

力降低，使农林牧业生产受到严重影响，特别是导致草场退化，草质变劣，可食性细草逐渐减少，单位面积的载畜量降低。

2. 阻碍交通、堵塞渠道、危及生命财产及生活安全

在风沙区，风沙流吞噬农田、压埋房屋、埋设交通线路、填塞水利工程及河道，恶化气候环境。在中华人民共和国成立以前，由于腾格里沙漠南侵，中卫县迎水桥地区的 2886.7hm² 耕地、房屋、道路、水渠皆被流沙淹埋，数万人为逃避沙漠，背井离乡。在腾格里沙漠东南缘，由于沙漠进侵，给包兰铁路造成沙埋线路、沙蚀路基等危害，沙坡头沙漠科学研究所经过 30 多年的研究和综合治理，才使该段铁路两侧流沙害得到治理。

3. 土地沙化与沙漠化恶化气候环境造成沙尘暴频繁

1982—1999 年，宁夏春季共发生区域性沙尘暴 27 次，其中严重沙尘暴 5 次，进入 90 年代分别于 1993 年、1995 年、1998 年发生了 3 次大的沙尘暴，给当地经济发展造成了严重经济损失。1993 年 5 月 5 日的特大沙尘暴，宁夏有 2 万多头牲畜死亡或失踪，近 133 万 hm² 耕地和草原受害，经济损失达 2.7 亿元。

4. 对黄河泥沙的影响

土地沙化对黄河泥沙的影响有 3 个方面。一是黄河干流，两岸风沙直接入黄，据中国科学院黄土高原综合考察队的计算，黄河沙坡头段及陶乐段，每年以风沙流形式的入黄沙量 1648.99 万吨。二是通过沙地及覆沙地区的黄河支流，两岸流沙风季被吹入河道，雨季带进黄河。三是甘塘、盐池等内流区，地表残积、湖积、风积物遍布，且又是强烈的风蚀区，吹蚀物质补给沙地、黄土区，经流水、风力又带入黄河。因此风成沙的入黄，是黄河粗泥沙量的重要来源之一。

四、沙漠治理的基本原则

治沙要坚持可持续发展的理念，使沙化地区的各项建设既能满足当代人的需要，又不损害后代人满足其需要的能力的发展（慈龙骏等，2005）。吴正（2009）在《中国沙漠及其治理》一书中提纲挈领地指出，治沙策略应该遵循以下原则。

1. 尊重自然规律，和谐利用的原则

人与自然的关系是人类生存与发展的基本关系。由于干旱区生态系统具有脆弱而易破坏的特性，因此，在开发水、土、植物资源时，应当注意自然潜力与土地利用系统之间的动态平衡关系；为了防止和减少土地退化、恢复部分退化土地，实现人与自然的和谐共处与沙漠（化）地区可持续发展，都需要掌握适度

利用原则。所谓适度利用，指在利用这些自然资源过程中，应以不致发生环境退化和达到持续利用目的为准则。

2. 经济效益与生态、社会效益统一的原则

只注意生态不重视经济的作法，对调动当地群众的治沙积极性不利，同时也缺乏治沙的后劲，没有一定的经济基础，治沙工作也难以开展，这是多年来沉重的一个教训。近年来，人们把生态经济理论应用于治沙领域，在治沙过程中，通过经济效益来推动生态效益、社会效益和整个治沙事业的协调发展，这是符合可持续发展原则的。但是，绝不能只讲经济不讲生态，只讲市场需求，不讲自然条件可能，超出环境承载能力，盲目的发展经济，而要做到经济、生态、社会三大效益的统一。

3. 开发利用与资源保护并举的原则

沙区资源丰富，特别是有些资源是沙区特有的，十分珍贵。开发利用资源，发展沙区的经济，对改变沙区面貌，提高人民生活水平至关重要。但是，沙区生态环境十分脆弱，沙区许多生物资源，在维护生态平衡，改善沙区自然面貌等方面起着非常重要作用，在开发利用沙区水、土、生物资源时，必须确立可持续发展，永续利用的观点，保护和发展沙区的资源（如天然植被的利用与保护）。

4. 因地制宜的原则

在沙漠地区开发利用水土资源时，必须因地制宜地确定本区水土资源利用方向。特别是在无灌溉条件的旱作农业区，年降水量是制约生产的主要因素。考虑到沙漠地区气候波动和干旱年份呈周期性出现的特点，应当严格控制旱作农田的界限，不应因一时降水量增加而随意扩大旱作面积，以免在随之出现的旱年内被迫弃耕，造成撩荒而引起土地沙漠化。旱作界限以外的地区，如宜发展草场，就应以牧业为主，做到适应自然条件的利用。

5. 预防为主，防治相结合的原则

在预防沙漠化的同时，还应采取相应的治理沙漠和防治沙害的措施，做到预防为主，防治相结合。治理沙漠和防治沙害，必须根据不同自然条件因地制宜地采取有效的综合治理措施。

一般情况下，在半干旱的干草原地带，水分条件较好，治理沙漠、防治沙害的方法应以植物治沙为主，工程防治或化学固沙为辅；植物治沙宜采用乔、灌、草相结合。在干旱的半荒漠地带，年降水量较少，且不稳定，水分条件只能使耐旱的沙生灌木和草本植物生长，宜采用以工程防沙或化学固沙为主，结合植物治沙的办法；固沙植物应以灌木和半灌木为主。在干旱的荒漠地带，降水稀少，依靠天然降水量植物难以生长，要采用工程防治或化学固沙措施。但在荒漠和半荒

漠地带，若丘间地的地下水位较高，或临近河湖有引水灌溉条件的地方，则可以植物治沙为主，营造防沙林带等。

五、国内沙漠化重点治理工程和防治典型模式

在中国西北绿洲地区，人们在很早以前就开始利用工程方法防沙保田。早在清乾隆年间，农民就开始采取后来习用200余年的"插风墙"一类的方法来防止外来风沙流和耕作土壤风蚀对农田的危害。1880年，在修建里海东岸铁路时，曾采用芦苇和旧枕木阻挡风沙入侵和防止路基风蚀，在沙丘表面用碎石、黏土等覆盖，并在沙地上栽种植物，但防护效果不理想。20世纪40年代，苏联在修建中亚荒漠地区铁路中，采用半隐蔽式沙障拉平沙丘，用草方格固定沙地。此外苏丹、印度、美国等在修建铁路时都曾采用工程措施对铁路进行防护。

中华人民共和国成立以来，国务院先后四次召开治沙工作会议，制定政策措施，研究部署工作，陆续启动实施了东北西部防护林带建设、三北防护林体系建设、全国防沙治沙工程等林业生态工程，对中国防沙治沙事业产生了强有力的推动作用。进入21世纪，国家又先后启动实施了京津风沙源治理工程和以防沙治沙为主攻方向的三北防护林体系建设四期工程，中国的防沙治沙步入了以大工程带动大发展的新阶段。20世纪90年代初全国防沙治沙工程的实施，使植物治沙工作更上了一个新台阶。一套以生物措施和工程措施相结合，治理与改造利用相结合，防护林、经济林、薪炭林、用材林与四旁植树相结合，乔、灌、草相结合，封、护、造相结合的行之有效的治沙技术，在沙区得到广泛的推广和应用。2002年1月1日，《中华人民共和国防沙治沙法》的颁布实施，进一步理顺了防沙治沙管理体制，规范了沙区经济行为。预防土地沙化，治理沙化土地步入了法制轨道，为快速健康推进防沙治沙工作奠定了坚实的基础。

1. 重点治理工程

（1）京津风沙源治理工程。建设范围包括北京、天津、河北、山西和内蒙古的75县（旗、市），工程区沙化土地面积10.2万 km^2。工程主要对沙化草原、浑善达克沙地、农牧交错地带沙化土地和燕山丘陵山地水源保护区沙地进行重点治理。规划期内，重点是加强植被建设和保育，完成工程建设任务1628万 hm^2，其中营造林（含退耕还林）498万 hm^2，草地治理934万 hm^2，小流域综合治理196万 hm^2。治理沙化土地774万 hm^2。同时，适度安排生态移民任务。

（2）"三北"防护林体系建设四期工程。建设范围包括北京、天津、河北、山西、内蒙古、辽宁、吉林、黑龙江、陕西、甘肃、宁夏、青海、新疆等13省（区、市）的590多个县。工程区沙化土地面积130万 km^2。工程主要对沙化最

为严重的半干旱农牧交错区、绿洲外围、水库周围和毛乌素、科尔沁和呼伦贝尔三大沙地沙化土地进行治理。规划期内，重点是植被建设和保育，完成营造林648.8万 hm²，治理沙化土地 365 万 hm²。

（3）退耕还林退牧还草工程。该工程覆盖所有沙化类型区。主要对由于人工樵采，过度开垦、过度放牧、陡坡耕种等原因造成的植被破坏、水土流失加剧和土地沙化草原退化的地区实行退耕还林退牧还草。规划期内，完成沙化土地治理 140 万 hm²，同时，通过退牧还草，恢复和增加草原植被，增强抵御风沙危害的能力。

（4）草原沙化防治工程。该工程覆盖所有类型区。工程主要通过围栏封育、划区轮牧等措施保护现有草地，通过人工种草、飞播牧草、草场改良等措施，以建促保。高寒地区，主要通过退牧育草、治虫灭鼠、人工种草等措施恢复和保护江河源头生态系统；光热水条件较好，实行草田轮作，加快高产优质人工草场建设。规划期内，重点治理工程完成沙化土地治理 1279 万 hm²。

2. 主要治理模式

50 多年来，中国沙区广大群众、干部和科技人员在与风沙的斗争中，积累了丰富的经验。用他们的智慧和才能，因地制宜地创造出许多防治荒漠化的典型模式，不仅治理了风沙，改善了生态环境，而且充分利用沙区资源优势，综合开发利用，兴办沙产业，取得了显著的生态、经济和社会效益，也为沙区脱贫致富闯出了一条新路。

（1）新疆和田县极端干旱地带绿洲附近荒漠化的防治。和田绿洲位于新疆塔克拉玛干沙漠的西南边缘，玉陇哈什河与喀拉哈什河之间。南部为昆仑山山前砂砾平原，北部直接与流动沙丘相接，受沙丘前移入侵的威胁。东部、西部与南部均受到风沙流的危害。年平均降水量仅 34.8mm，而蒸发量高达 2564mm，针对上述特点，其防治的根本途径是：以绿洲为中心建立防护体系，同时合理利用内陆河流的水资源。使绿洲生态系统稳定。采取的措施有：兴修水利，充分利用玉陇哈什河及喀拉哈什河的水资源，建成以引水总干渠、各级渠道、中小型水库和干支渠闸口相配套的灌溉系统。以绿洲为中心建立完整的防风沙体系，在绿洲外围半固定沙丘地区采取封育，保持天然植被，采用引洪淤灌，恢复植被，并与灌、草相结合，建立保护带，固定流动沙丘。采取这些措施以后，环境有所改善，林网保护下的农田与空旷区相比，风速降低 25%，风沙流中含沙量减少40%~60%。经济效益也很明显，20 世纪 90 年代初期与 70 年代末期相比，全县粮、棉、油总产量分别增长了 1.17 倍、1.16 倍和 2.31 倍，粮食单产提高了 3.3 倍，人均收入提高了 7.5 倍。

（2）甘肃临泽县平川干旱地带绿洲周围荒漠化的防治。临泽县平川位于甘肃省河西走廊中部黑河北岸，是一片狭长的绿洲，其北部濒临密集的流动沙丘和剥蚀残丘与戈壁，年平均降水量 11.7mm，盛行西北风。该地在过度樵采、过度放牧破坏植被的情况下，原来的固定灌丛沙堆发生活化，导致流沙入侵绿洲。同时戈壁残丘地区的风沙流危害农田造成土塌风蚀，因而耕地废弃，绿洲向南退缩了 200～500m，绿洲外围地段是生态最脆弱部位，所以在这一地段建立一个完整的防护体系便是根本的措施。根据平川绿洲北部流动沙丘之间具有狭长的丘间低地和可以利用灌溉雨水浇灌的有利条件，首先在绿洲边缘沿干渠营造宽 10～50m 不等的防沙林，同时在绿洲内部建立护田林网，规格为 300m×500m，再在绿洲边缘丘间低地及沙丘上营造各种固沙林，在流动沙丘上先设置黏土或芦苇沙障，在障内栽植梭梭、花棒和柠条等。采取这样一种治理模式，治理前后对比流沙面积比例从 54.6% 减少到 9.4%，受风蚀影响的耕地从占 17.8% 减少到 0.4%，沙区中的农林用地从 43% 增加到 61%，人均收入治理后较治理前增长了 153.6%。

（3）宁夏沙坡头铺设草方格、五带一体铁路固沙造林。"以固为主，固阻结合"是沙坡头治沙试验站首创的防沙体系的基本模式，具体设计方案就是根据"阻、固、护"的功能原理制定的。阻沙工程：在路北主风方向防护林带外缘与流沙接壤处设置高立式栅栏，阻截风沙流，防止流沙埋压固沙带。因为沙粒在栅栏前越积越高，会成为新的起沙源地，就注意随时修复被破坏的栅栏。固沙工程：根据风向的不同及沙丘移动速度，设计固沙带宽度为路北 500m，路南 200m。首先在设计区全面扎设麦草方格沙障，规格为 1m×1m，其次根据沙丘的不同部位、植物的特性在固沙带内栽植植物，形成机械固沙和植物固沙相结合的固沙带。保护工程：根据风向的不同，铁路基坡脚处迎风侧 20～30m，背风侧 10～20m 范围内建立卵石平台，保护路基免遭风沙流冲击和防止积沙。

（4）陕西榆林引水拉沙治沙造田。榆林地区位于毛乌素沙地的南缘，包括 7个县。该地区自然条件十分恶劣，风沙危害严重，地方经济脆弱，人民生活贫困。通过 10 年的以水治为主的综合治理，沙区面貌发生了巨大的变化，生态、经济和社会效益明显提高。10 年间治理面积 9375km²，其中新增农田 1 万 hm²，水土保护林 94 万 hm²，人工草地 4 万 hm²，林草植被覆盖度由治理前的 24.5% 提高到 74.3%。人均占有粮食由 428kg 提高到 1861kg。畜牧业存栏数由 13.7 万只增长到 17.5 万只。人均收入由 497 元提高到 1045 元。使这一地区，昔日不毛之地，变成"塞上江南"。利用沙区河流、海子（湖泊）、水库的水源，自流引水或机械提水，以水力冲拉沙丘。把沙子挟带到人们需要的位置，叫引水拉沙。用这种方法造田，就叫引水拉沙造田。拉沙造田既是综合治理风沙的措施之一，又是开发沙区土地资源，扩大沙区耕地面积，建设基本农田的主要办法，还是发展粮食生产和多种经营的有效途径。

（5）内蒙古奈曼旗半干旱地带农牧交错区东部荒漠化的防治。奈曼旗位于内蒙古哲里木盟，科尔沁沙地的中部，代表中国北方半干旱地带东部农牧交错地区以风力作用为主的荒漠化土地，地表由深厚的沙质沉积物组成。年平均降水量为 352.1mm，全年大风日 21 天，沙暴日 26 天。采取的主要措施有：①调整以旱农为主的土地利用结构，形成农牧结合，林业起保护作用的模式。②以甸子地为中心建设基本农田，提高粮食单产。③以封沙育草，丘表栽植固沙植物和丘间片林相结合方式固定流沙。④对固定沙丘与沙地，贯彻适度利用的原则，天然封育与补播牧草相结合，合理利用草场资源，发展畜牧业。

（6）内蒙古亿利集团治沙模式。亿利资源在库布其沙漠腹地，通过"科技治沙、工程治沙、产业治沙"的方式，实施了三大治沙工程。绿化库布其沙漠5000 多 km^2。24 年来，亿利资源集团在治理沙漠的同时，变沙漠劣势为优势，把沙漠作为一种宝贵的资源开发利用。一是清洁能源产业。投资千亿元人民币，利用沙漠的土地、阳光、生物等资源，发展了光伏产业、生物质能源和新材料产业。二是天然药业。在沙漠适宜地方大规模种植了既能防风固沙又有药用价值的甘草等沙旱生植物，既实现了防沙绿化的目的，又让其产生了经济效益，一举双得。目前甘草医药产业规模已达 40 亿元人民币。三是沙漠现代农业和沙漠旅游产业。通过在库布其沙漠进行多年的沙漠土地改良实践，亿利资源为国家和全球土地可持续利用找到了一条新路子。同时，亿利资源集团还依托沙漠自然景观发展了独具特色的七星湖沙漠旅游产业和园林绿化业务。

另外还有，甘肃民勤县节水灌溉技术开发、青海都兰封沙育林育草、新疆塔中油田沙漠公路防风固沙、河南延津与山东禹城等地亚湿润地带黄淮海平原斑点状分布的荒漠化防治等。上述这些成果，以经济效益为主，将生态效益和社会效益紧密结合在一起，不仅提高了当地农民的经济收入，而且起到了防风固沙的效果，改善了生态环境，创造了良好的社会效益。

六、宁夏治沙历程

纵观宁夏荒漠化和沙化土地防治工作，大体可划分为四个阶段：

（一）起步阶段（1949—1977 年）

20 世纪 50 年代初期，宁夏即在不同类型的荒漠化和沙化地区建立了一批国有林场，开展封育保护、植树造林。50 年代中期，中国科学院先后在中卫沙坡头等地建立了沙化防治试验示范基地，开展荒漠化防治的科学研究工作。进入60 年代，宁夏各级政府先后建立了一大批由当地群众参与经营管理的乡、村办林场，在荒漠化和沙化地区形成了星罗棋布的绿色斑点，初步形成了防风固沙防护林带。

（二）规模治理阶段（1978—1994 年）

国家陆续启动了"三北"防护体系建设等重点生态工程，使宁夏荒漠化和沙化防治进入了一个规模治理、稳步发展的新阶段，大规模开展了毛乌素沙地、南部山区水土流失地区和北部盐渍化土地综合治理。还先后投资 30 多亿元，建成了固海扬水、中卫南山台子、盐环定等大型扶贫灌溉工程，新建绿洲 20 万 hm^2，把荒漠地区的 20 多万人移民搬迁到灌溉绿洲区，减轻了沙化地区的人口压力。

（三）综合整治阶段（1995—2000 年）

20 世纪 90 年代中期以来，特别是"十五"期间，宁夏进一步扩大了治理规模，加大了农林牧综合治理的力度，在南部山区，实行山、水、田、林、路小流域综合治理，控制水土流失；在中部沙区，开展沙漠化综合治理，营造沙漠绿洲；在北部引黄灌区，大搞农业综合开发和农田基本建设和低产田改造，防治土壤盐渍化。

（四）重点工程相结合的阶段（2001 年至今）

自 2000 年宁夏开始实施退耕还林还草工程和三北防护林工程。多年来，退耕造林面积达 47 万 hm^2。同时，2003 年 5 月，宁夏全区实施封山禁牧工程，使林草植被盖度有效恢复，沙化程度明显转变，生态环境明显改善。

七、宁夏主要治沙技术模式

1. 大沙漠边缘（五带一体防风固沙）治理模式

沙坡头位于宁夏中卫县城西部、腾格里沙漠东南缘，总面积 13 722hm^2。包兰铁路 6 次穿越腾格里沙漠，其延长线 55km。沙坡头 16km 多为高大密集的格状沙丘，有世界沙都之称。中国科学院原兰州沙漠研究所和当地铁路职工经 40 多年的科学研究和实践，创造了草方格固沙技术，建立了"固、阻、造"相结合的防护体系，总结出了"工程措施与生物措施相结合"的治沙经验和卵石防火带、灌溉造林带、草障植物带、前沿阻沙带、封沙育草带"五带一体"防风固沙工程体系，形成了大沙漠边缘治理模式。其特点是以固定流沙为主，机械与植物固沙相结合，使地面粗糙度比流沙提高 216 倍，离地表 2 米高处的风速比流沙削弱20%~30%，有效地沉淀了大气尘埃，减少了输沙量，加强了固沙作用。该项技术及其成果，确保了包兰铁路40多年畅通无阻，1988年获国家级科技进步特等奖；1994年6月，沙坡头被联合国环境规划署评为"全球环保500佳"，成为世界治沙典范。

由于其独特的地理位置、享誉世界的治沙成果、世界第一条沙漠铁路和壮观的防风固沙绿色长城，1994年沙坡头被确定为中国"国家级自然保护区""全国科普教育基地"，成为全国著名的4A级旅游景点，平均每年接待游客25万~30万人次。生态环境的极大改善，沙坡头聚集了动植物76科215属455种，其数量远远高于其他同类地区。沙漠面积占总土地面积23%的中卫县风沙天数也比过去减少了36%，300多户农民搬进了绿化的沙漠定居。

2. 干草原沙地治理模式（生物措施为主综合整治）

盐池县北部地区地处中国毛乌素沙漠南缘，面积28万hm²，年降水量小于300mm，土地沙化严重，是典型的干旱沙区。宁夏农林科学院的科技人员历经十多年的艰苦努力，在当地政府的支持下，建立了"沙漠化土地综合整治试验示范基地"，形成了干旱草原沙地生物措施为主的综合治理模式。该模式立足于改善区域自然环境和生产条件，治理、保护和利用相结合，以生物措施为主，实施生态建设系统工程，农、林、牧协调发展，力求生态、社会和经济效益相统一。其特点是，以林草建设为重点，提高环境质量，确保人们的生存和生活条件；以畜牧业为中心，加强高效草地建设；以草定畜发展舍饲，建立生态经济型畜牧业；以节水为关键，发展"两高一优"生态农业，提高群众生活水平；保护、培植和合理利用沙地资源，发展沙产业。经过10多年的实践，该地区森林覆盖率达到34.9%；草场生物量提高了1.4倍；沙地植被覆盖率提高到35%~60%，土地生产能力提高了40%，粮食亩产提高了10倍，人均占有粮食增加了94.7kg，人均纯收入增加了2倍多，投入产出比达到1∶5，取得了明显的生态、社会和经济效益，被联合国粮农组织誉为"中国治沙奇迹"。

3. 绿洲腹部流沙（沙产业工程开发）治理模式

银川市西部有一片沙丘，连绵约4000hm²，俗称"西沙窝"。多少年来，沙丘以年均0.8米的速度吞噬了250hm²良田，沙害紧逼银川市区。宁夏水利科学研究所和银广夏公司联手，视沙漠为宝贵资源，产学研结合，优势互补，资金加技术，以沙产业工程开发治理绿洲腹部流沙。其特点是集沙地治理、产业开发、生态建设、环境保护为一体，实现生态、社会和经济效益协调发展。它将传统农业开发和现代农业技术相结合，推沙平地、打井修路、修建泵站和电站、建设防风林网，开发应用智能化农业技术和采用先进的地理信息系统技术，实现生产通信现代化，实施节水喷灌。经过 4 年多的努力，应用 28 项先进治沙技术，2458 座沙丘被夷为平地，移动沙方量 1067 万 m³，将"西沙窝"1333hm² 沙丘地成功地改造成中药材种植基地，2000hm² 沙荒地变成了酿酒葡萄种植基地，并带动了周边 4000hm² 沙漠化土地的综合治理。"宁夏中药现代化科技产业基地""治沙生态建设保护区""中草药建设基地"等在沙海之中崛起。昔日滚滚黄沙窝，今天已是万顷高标准农田。宁夏美利纸业集团也应用沙产业工程开发治理模式，在沙漠边缘和沙荒地规划建设 66 667hm² 速生林基地，构筑西部绿色长城，发展新型林纸一体化产业，推动了地区经济发展。

八、宁夏治沙成效

多年以来，宁夏的荒漠化土地治理和防沙治沙工作，一直得到党和国家的高度重视和地方各级政府的大力支持。宁夏在土地沙化治理方面，取得了举世瞩目的成就。主要是对退化草场进行划管封育、封山育林、封沙育草、退耕还林还草、人工造林种草、飞播造林种草、开发建设扬黄灌溉区、井灌区以水治沙，发展沙产业，形成防、治、用一体化治沙工程体系，在工程布局、政策机制、科技创新等方面进一步加大了防治荒漠化工作的力度，治沙实践取得了显著成效，沙漠化土地从整体上呈现出逆转的局面。

第一，宁夏沙化土地分布区总监测面积为 328.63 万 hm²，占宁夏总国土面积的 63.25%。这次监测结果显示，宁夏沙化土地面积 112.46 万 hm²，占沙化土地分布区总监测面积的 34.22%，占宁夏国土总面积的 21.65%；有明显沙化趋势土地面积为 26.85 万 hm²，占沙化土地分布区总监测面积的 8.17%，占宁夏国土总面积的 5.17%；非沙化土地面积为 189.32 万 hm²，占沙化土地土地分布区总总监测面积的 57.61%，占宁夏国土总面积的 36.44%。

第二，沙区植被盖度有较大幅度增加。随着"三北四期"、天然林保护、退耕还林、外援项目等重点治沙工程的相继实施，宁夏区沙区的生态状况发生了很大变化，毛乌素沙地近 5 年来通过各种人工措施造林种草达 20 万 hm²，有近 5 万 hm² 流动沙地转入半固定沙地。有 6 万 hm² 的半固定沙地转为固定沙地，项目区内的林草覆盖度，由建设前的 10%，提高到了 30%，最高处可达 70% 以上，极大的改善了当地人民群众的生产条件。据不完全统计，全区共治理水土流失面积 51 万 hm²，每年可保水土 16 亿 m³，减少入黄泥沙 0.4 亿吨；治理盐渍化耕地 6.2hm²；通过对荒漠化土地的综合治理，使农业综合生产能力显著提高，共计增产粮食 10 亿 kg 以上，增加产值 10 多亿元。

第三，发展了沙区特色产业，增加了沙区农民收入。全区各类沙产业产值达到 35 亿元以上，其中，沙区经果林和沙生灌木林发展到 1600 多万亩，年产值 16 亿元以上；沙生药材种植基地接近 200 多万亩，产值约 1 亿元；以沙生灌草为主的系列饲料产品有效解决了 100 余万只羊的舍饲养殖问题；沙漠旅游业不断拓展，产值达 12 亿元以上；治沙太阳能发电和生物质能源建设也有了一定规模，开始发挥了越来越大的作用。林果业、沙产业已成为沙区农民增收致富的重要途径。

第四，探索创造性总结出了宁夏防沙治沙模式。按照温家宝总理的指示精神，2007 年 11 月在宁夏召开了全国防沙治沙现场会，总结和推广了宁夏治沙模式。即针对不同区域、不同立地类型，坚持宜造则造、宜封则封的原则，通过采取生物、工程、水利、农艺、移民搬迁等措施，进行封飞造结合、乔灌草结合、农林牧结合、旱治与水治结合的综合治理，加快了治理速度，提高了治理成效。创造出了"五代一体"防沙固沙技术模式和"一水、二林、三田"的营造沙漠绿洲的方法，形成了"政府引导、工程带动、企业牵头、群众参与、科技支撑、多元化投资"的防沙治沙机制，坚持用税收、信贷、补助等各种优惠政策吸引各种生产要素向沙区流动，有力促进了生产力要素的优化配置，带动了多主体参与、多元化投资防沙治沙格局的形成。目前，全区治理规模在 $100hm^2$ 以上的企业有 60 多家，投入资金近 10 亿元，治理开发沙地 2 万 hm^2；个体造林治沙户 14.7 万户，投入资金 4.1 亿元，治沙造林近 4 万 hm^2。宁夏中冶美利纸业集团借助自治区的优惠政策，实施了林纸一体化项目，在腾格里沙漠南缘种植工业原料林 20 万亩，既为企业建立了可靠的原料林基地，又为中卫市城区构建了一道新的绿色屏障。

近年来，在潜在土地沙化威胁地区，贯彻以防为主方针，从保护天然草场入手，进而改良草场，围栏放牧，人工种草，飞机补播草场，严禁无灌溉条件下的开荒，过度放牧，滥采伐。对已沙化的土地，本着"因地制宜，因害设防"的原则和"先易后难，由近到远"的步骤，实行封沙育草造林，进行综合治理，个别地段经连续治理防风固沙成效显著。在贺兰山洪积扇下部及黄河西岸沙地，因有引水治沙有利条件，兴建了树新、芦花台、金山、芦草洼、平罗等国有林场，园林场及洪广营、礼和等集体林场。形成片片绿洲，发挥显著的生态、经济、社会效益。在中部沙区，以防沙治沙、改善沙区生态条件为目标，通过兴修水利在沙漠边缘地带建设沙漠绿洲，实施划管封育恢复植被、飞机播种造林治沙等多种有效形式开展沙漠化土地综合整治，加快了治理沙化、改善沙区生态环境的步伐。每年人工造林治沙 0.53 万 hm^2 以上，飞播造林治沙 0.67 万 hm^2 以上，封沙育林育草 0.67 万 hm^2。

第五，对外合作项目带动防沙治沙成绩斐然。在防沙治沙工作中，按照统筹规划、重点突破，对生态脆弱区、薄弱环节和生态重要部位，实行集中连片的规模治理，以外援项目重点工程带动面上治理，通过不断加强对外合作与交流，拓宽投资渠道，先后引进外资折合人民币 3.0 亿多元，完成人工造林 1.4 万 hm²，封山育林 3 万 hm²。其中德国本着扶贫与生态相结合的原则，无偿援助 1.7 亿元人民币，在宁夏实施了 3 个荒漠化治理项目，其中"贺兰山东麓生态林业工程建设项目"被中德政府评为优秀项目。日本国注重荒漠化综合治理领域的技术合作交流与研究，在治沙技术研究、森林病虫害防治、青少年防沙治沙教育等方面，先后投资 1.3 亿元人民币支持宁夏荒漠化防治。韩国政府高度关注中国黄河流域水土流失治理，无偿援助建设了宁夏黄河护岸林项目。另外，世界粮食计划署、欧共体、全球环境基金等世界组织先后援助宁夏建设了 2605、4071 等一批荒漠化治理项目。这些外援项目的实施，既引进了先进的技术、管理理念和思维理念，又培养了一批高素质的管理人才，有力地带动了宁夏荒漠化治理。

第六，通过引导全区人民参与防沙治沙，打造和涌现了一批典型。在荒漠化防治中，宁夏积累了一定的经验，涌现出了一批有一定影响力的典型。中卫在腾格里大沙漠的东南前沿，营造起一条长 60km 的防风固沙林带，并向沙漠纵深发展，和引黄灌区内部农田防护林体系结合起来，有效地防止了腾格里沙漠的侵袭。经过 40 多年的艰苦奋斗，迫使沙漠后退 15km，夺回被风沙吞没地 0.3 万余 hm²，并不断改造开发高大沙丘，荒漠边缘地 0.6 万余 hm²，搬迁定居农户 1500 多户 6000 多人，新置新北乡，建成国营固沙农、林、园艺场 6 个，特别是 1958 年包兰铁路通车以后，铁路防沙和绿洲防沙有了更大的进展，成为治沙造林战线的先进典型。为保护我国第一条沙漠铁路——包兰线的畅通，总结出了"五带一体"的综合防沙治沙技术，固定了流沙，绿化了沙漠，解决了世界性难题，创造了人进沙退的伟大创举，该项成果被评为国家科学进步特等奖，被联合国环境规划署确定为"全球环境保护 500 佳"。同时还先后涌现出王有德、白春兰等一批防沙治沙英模人物和先进单位。全国治沙英雄王有德同志，带领宁夏白芨滩防风固沙林场干部职工坚守在毛乌素沙漠边缘，治沙播绿，累计完成治沙造林近 2.62 万 hm²，固定资产由 1985 年的不足 40 万元增加到现在的 7140 万元，林木资产由 1985 年的 500 万元增加到现在的 3 亿多元，多种经营累计创收 7000 多万元，2006 年职工人均收入达到 2 万多元。全国治沙标兵白春兰同志，28 年如一日，坚持不懈地防沙治沙，已经累计植树 6 万多株，封山育林 70hm²，围栏草原 100 多亩，发展枣树套种药材 60 亩，治理沙漠 2200 多亩。在她的带动下，相继有 88 户农民来到沙边子村，造绿固沙，发展沙产业，走上了治沙致富的路子。白春兰的事迹被联合国粮农组织官员誉为"人类改造自然的典范"。这些榜样所表现出的不屈不挠、顽强拼搏的精神不仅推动了宁夏区的防沙治沙工作，也是我国防沙治沙事业的强大动力和精神财富，激励着更多的人投身防沙治沙事业中。

第七，宁夏治沙技术体系逐步完善。通过多年的治沙经验，宁夏建立了独特的治沙技术体系：形成以政府主导、科技支撑、工程拉动、政策扶持、经济互动、产业巩固、综合治理的防沙治沙运行机制、综合治理技术体系，创新了宁夏治沙模式，推进了宁夏治沙进程，在全国率先实现了沙漠化逆转。防沙治沙技术模式极具典型示范与科技引领作用。2007 年 9 月 6 日温家宝总理做出重要批示"要宣传和推广宁夏的经验"。宁夏的治沙经验得到了国内外的赞誉。全国防沙治沙现场会曾在宁夏召开，国家领导人曾向全国推广治沙的"宁夏模式"。2008 年 1 月，在北京举行的有 55 个国家和地区、40 多个国际机构参加的"加强国际合作、共同防治荒漠化"研讨会上，联合国副秘书长沙祖康向与会的 55 个国家和地区的代表推荐宁夏治沙模式，使宁夏治沙模式走向世界。

第三章　沙漠化动态监测技术方案

宁夏地处我国西北内陆农牧交错地带，是我国土地沙化最为严重的省区之一，也是风沙侵入祖国腹地和京津地区的三大主要通道之一。土地沙化不仅造成区域生态环境的严重恶化，而且成为严重影响宁夏人民生活和生产，制约经济、社会可持续发展的主要因素之一，并且在一定程度上影响到国家的生态安全。中华人民共和国成立以来，宁夏各级人民政府一直高度重视荒漠化土地治理工作，防治荒漠化工作取得了显著的成绩，特别是改革开放以来，国家采取一系列强有力的措施，在工程布局、政策机制、法律法规和科技创新等方面进一步加大了防治荒漠化的工作力度，先后实施了"三北防护林""天然林保护"和"退耕还林"等重大生态建设工程，实行全区禁牧措施，有效地巩固了治理成果，生态效益明显改善，有力地促进了区域经济和社会发展。

宁夏荒漠化和沙化监测成果全面反映了当前全区荒漠化和沙化现状及动态变化趋势，科学评价了宁夏荒漠化、沙化防治所取得的成绩，准确把握了当前宁夏荒漠化和沙化土地类型、程度和动态变化趋势。通过 5 次对宁夏全区荒漠化土地监测结果表明，宁夏土地荒漠化处在一个"整体进一步好转、局部地区土地荒漠化仍存在潜在危机的阶段"的状态。

一、监测总体目标及任务

宁夏沙化动态监测的总体目标是，查清宁夏沙漠化土地现状及其动态变化，对变化原因进行分析，更新沙化土地基础信息数据库，为宁夏乃至国家制定防治策略和规划提供依据。按照统一的技术规定，以 2009 年区划的乡级行政区为监测单位。结合近五年来新调整的乡镇区划界线，进行乡镇基本单位合并，查清监测区内截至 2014 年年底各类型沙化土地和荒漠化土地的面积、程度、分布及变化情况。掌握宁夏荒漠化和沙化的现状及发展趋势，分析沙化各类土地的变化趋势以及自然和社会经济因素对土地沙化过程的影响。对土地沙化状况、危害及治理效果进行分析，分析各种治理措施的效果并提出不同区域的治理模式。更新宁夏荒漠化和沙化监测地理信息数据库，进一步完善沙化信息管理系统。

二、监测范围、内容

按国家林业局沙化监测技术规定，沙化土地监测对象针对有沙化土地分布的乡（镇）。对沙化土地面积小于1km²，附近又无明显沙化趋势的土地的乡（镇），则不进行沙化监测，沙化监测范围不受湿润指数线控制。宁夏沙化监测行政范围包括银川市所属兴庆区、西夏区、金凤区、永宁县、贺兰县、灵武市，石嘴山市所属大武口区、惠农区、平罗县，吴忠市所属利通区、红寺堡开发区、盐池县、同心县、青铜峡市，中卫市所属沙坡头区和中宁县共16个县（市、区），涉及189个乡（镇），监测区土地面积328.63万 hm²，占自治区国土面积519.55万 hm²的63.25%，与前期监测的范围一致。宁夏沙漠化土地动态监测的主要内容如下。

（1）沙化土地状况。包括监测范围内各类型沙化土地的面积、程度和分布现状以及动态变化情况。

（2）土地利用状况。包括监测范围内各土地利用类型的现状和动态变化情况，以及引起其变化的原因。

（3）植被状况。包括监测范围内植物种类、起源、高度、生长状况、主体植被盖度和植被总盖度等。

（4）土地状况。包括监测范围内土壤类型、土壤质地、砾石含量、有效土层厚度等。

（5）治理状况。主要对监测范围内的治理措施进行调查。

三、监测技术路线

监测采用的技术路线为：采用地面调查与遥感相结合、划分图斑统计各类型沙化土地面积的监测方法，沙化土地的动态变化情况根据本次调查数据和前期调查结果获得。根据经几何精校正和增强处理后的卫星遥感数据，建立宁夏监测区内各类型的解译标志，利用计算机软件对沙化类型目视解译划分图斑并对调查因子进行初步解译，在此基础上到现地核实图斑界线和各项调查因子，获取沙化土地类型的面积、分布及其他方面的信息，完成各类型沙化监测数据的统计汇总和监测成果报告（图3-1）。

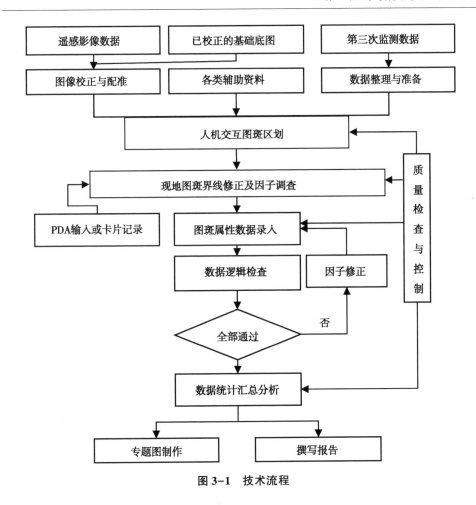

图 3-1　技术流程

四、土地沙化分类系统

沙化监测区的土地划分为沙化土地、有明显沙化趋势的土地和非沙化土地 3 个类型。

1. 沙化土地类型

沙化土地指在各种气候条件下，由于各种因素形成的、地表呈现以沙（砾）物质为主要标志的退化土地。

（1）流动沙地（丘）。指土壤质地为沙质，植被总盖度 <10%，地表沙物质常处于流动状态的沙地或沙丘。

（2）半固定沙地（丘）。指土壤质地为沙质，10% ≤ 植被总盖度 <30%（乔

木林冠下无其他植被时，郁闭度<0.50），且分布比较均匀，风沙流活动受阻，但流沙纹理仍普遍存在的沙地或沙丘。

A. 人工半固定沙地（丘）：通过人工措施（人工种植乔灌草、飞播、封育等措施）治理的半固定沙地。

B. 天然半固定沙地：植被起源为天然的半固定沙地。

（3）固定沙地（丘）。指土壤质地为沙质，植被总盖度≥30%（乔木林冠下无其他植被时，郁闭度≥0.50），风沙活动不明显，地表稳定或基本稳定的沙地或沙丘。

A. 人工固定沙地：通过人工措施（人工种植乔灌草、飞播、封育等措施）治理的固定沙地。

B. 天然固定沙地：植被起源为天然的固定沙地。

（4）露沙地。指土壤表层主要为土质，有斑点状流沙出露（<5%）或疹状灌丛沙堆分布，能就地起沙的土地。

（5）沙化耕地。主要指没有防护措施及灌溉条件，经常受风沙危害，作物产量低而不稳的沙质耕地。

（6）非生物治沙工程地。指单独以非生物手段固定或半固定的沙丘和沙地，如机械沙障及以土石和其他材料固定的沙地。在非生物治沙工程地上又采用生物措施的，应划为相应的固定或半固定沙地（丘）。

（7）有明显沙化趋势的土地。由于过度利用或水资源匮乏等因素导致的植被严重退化，生产力下降，地表偶见流沙点或风蚀斑，尚无明显流沙堆积的土地。

2. 沙化程度分级

沙化程度分为4级：

（1）轻度。植被总盖度>40%（极干旱、干旱、半干旱区）或>50%（其他气候类型区），基本无风沙流活动的沙化土地；或一般年景作物能正常生长、缺苗较少（作物缺苗率<20%）的沙化耕地。

（2）中度。25%<植被总盖度≤40%（极干旱、干旱、半干旱区）或30%<植被总盖度≤50%（其他气候类型区），风沙流活动不明显的沙化土地；或作物长势不旺、缺苗较多（20%≤作物缺苗率<30%）且分布不均的沙化耕地。

（3）重度。10%<植被总盖度≤25%（极干旱、干旱、半干旱区）或10%<植被总盖度≤30%（其他气候类型区），风沙流活动明显或流沙纹理明显可见的沙化土地；或植被盖度≥10%的风蚀残丘、风蚀劣地及戈壁；或作物生长很差、作物缺苗率≥30%的沙化耕地。

（4）极重度。植被总盖度≤10%的沙化土地。

3. 沙化土地治理程度

沙化土地治理程度划分为初步治理、中等治理、基本治理3个等级。沙化土地治理程度评价根据主体植被盖度、植被总盖度、风蚀状况及土壤状况综合确定。治理程度等级划分见表3-1。

表3-1 沙化土地治理程度评价指标及等级划分

治理程度	主体植被覆盖类型	主导指标				辅助指标	
		主体植被盖度		主体植被盖度		蚀状况	土壤状况
		极干旱和干旱区	半干旱区	极干旱和干旱区	半干旱区		
基本治理	乔木	≥20%	≥25%	≥50%	≥60%	弱	土壤质地为沙壤土，成土作用明显，地表形成腐殖质层
	灌木	≥30%	≥35%	≥50%	≥60%		
	草本			≥50%	≥60%		
中等治理	乔木	≥20%	20%~25%	30%~50%	30%~60%	中	土壤质地为壤沙土，地表形成生物结皮层
	灌木	≥30%	30%~35%	30%~50%	30%~60%		
	草本			30%~50%	40%~60%		
初步治理	乔木	<20%	<20%	10%~30%	10%~30%	强	土壤质地为沙土，地表仍普遍存在流沙纹理
	灌木	<30%	<30%	10%~30%	10%~30%		
	草本			10%~30%	10%~40%		

五、监测结果

宁夏沙化土地分布区总监测面积为328.63万hm²，占宁夏总国土面积的63.25%。这次监测结果显示，宁夏沙化土地面积112.46万hm²，占沙化土地分布区总监测面积的34.22%，占宁夏国土总面积的21.65%；有明显沙化趋势土地面积为26.85万hm²，占沙化土地分布区总监测面积的8.17%，占宁夏国土总面积的5.17%；非沙化土地面积为189.32万hm²，占沙化土地分布区总监测面积的57.61%，占宁夏国土总面积的36.44%。

1. 按沙化类型分

本次监测沙化土地总面积为112.46万hm²，其中，流动沙地（丘）7.15万hm²，占沙化土地面积的6.36%；半固定沙地（丘）8.80万hm²，占沙化土地面积的7.82%；固定沙地（丘）79.44万hm²，占沙化土地面积的70.64%；沙化耕地8.36万hm²，占沙化土地面积的7.43%；戈壁8.71万hm²，占沙化土地类型总面积的 7.75%。

2. 按沙化程度分

本次监测沙化土地总面积为 112.46 万 hm^2，其中，轻度沙化土地面积 75.49 万 hm^2，占沙化土地面积的 67.13%；中度沙化土地面积 20.90 万 hm^2，占沙化土地面积的 18.59%；重度沙化土地面积 8.14 万 hm^2，占沙化土地面积的 7.24%；极重度沙化土地面积 7.92 万 hm^2，占沙化土地面积的 7.04%。

第四章　宁夏土地沙漠化监测分析

宁夏中北部地区东、西、北三面分别被毛乌素沙漠、乌兰布和沙漠、腾格里沙漠包围，因而在低缓丘陵台地上，土地沙化和沙漠化现象普遍，尤以黄河以东陶乐县东部、灵武、盐池县北部的毛乌素沙漠南缘和中卫县西北部腾格里沙漠南缘土地沙化与沙漠化最为严重，地表呈流动沙丘及沙带成片分布。其余地段呈流动沙丘及沙地、半固定沙丘、固定沙丘、石质荒漠相间分布。

一、宁夏沙漠的基本概述

宁夏风蚀面积以吴忠市最大，石嘴山市及银川市次之，固原地区最小，仅在海原县有少量面积。从分布看主要分布在黄土丘陵以北腾格里沙漠和毛乌素沙地之间这一区域。内含贺兰山东麓山前戈壁、鄂尔多斯灵盐台地、卫宁平原南北两侧和清水河谷北段。在这一区域内，以靠近腾格里沙漠卫宁平原以北、以西和毛乌素地区南缘的陶乐、灵武、盐池高沙窝—东塔一线风蚀强度最大，两处呈东西对应状态。风蚀强度以地表物质为沙质的地段最大，首先为沙砾质地段，风蚀区地形地貌以缓坡丘陵为主，其次为洪积倾斜平原。

1. 宁夏沙漠的类型

根据宁夏通志地理环境卷对宁夏风蚀沙漠化土地可大致归为 2 种类型：①第四纪形成的固定沙漠（腾格里沙漠、乌兰布和沙漠）；②沙质草场在失当利用方式下退化，经风力作用形成的片状流沙、波状流沙（如位于宁夏东部灵武市、盐池县的毛乌素沙地）。第二种类型中也包括沙质土壤上的草原开垦为农田后所出现的粗蚀浮沙地（风蚀农田）一般来说，第一种沙化土壤类型是由地球史上气候的长期演变和地质活动等原因造成的，在目前的经济与技术条件下，尚难予以治理；而第二种类型则是由人类失当的经济活动所造成的，是可以通过一定的政策调整和技术措施加以修复和恢复的。就当前宁夏的财力与技术条件而言，应首先把精力集中在第二类风蚀沙漠化土地治理上。

宁夏土地沙漠化主要发生在海拔 1000m 以上的中部地区（附图 4），约占宁夏沙化面积的 70%，其次是黄河冲积平原两侧，引黄灌区也有小面积分布，固原和海原北部，仅有轻微沙化现象。因此，宁夏土地沙漠化的南界大致是东起盐池县麻黄山,向西经同心县下马关、王团、喊叫水至海原县兴仁堡,面积达 1.26 万 km²,约占全区总土地面积的 19%。

2. 宁夏主要沙漠化区域

宁夏沙漠及沙漠化土地主要由以下 3 部分组成。

(1)毛乌素沙漠化区。位于宁夏东部,包括灵武市、盐池县的大部分和平罗县陶乐镇全部,是毛乌素沙地的西南边缘,共 19 个乡、5 个国有林场,总面积 90.4 万 hm²,分布有 7 条大的流沙带。

(2)腾格里沙漠及沙漠化区。位于宁夏西部中卫县境内,是腾格里沙漠东南缘,总面积 1.4 万 hm²,分布有一条大的流沙带。

(3)银川平原引黄灌区沙漠化区。分布在黄河以西贺兰山以东的引黄灌区,贺兰、平罗、银川金凤区、永宁、青铜峡等县、市均有零星分布,严重沙漠化面积 3.3 万 hm²,系固定沙地植被遭受破坏所形成。

3. 宁夏的主要流沙带

土地沙化严重的地方都有流沙带分布,流沙带愈宽、愈长、愈高,其沙化程度愈重,沙化危害也愈大,改良也愈困难。宁夏较大的流沙带有 8 条。

(1)陶乐东流沙带。分布在陶乐县黄河冲积平原东侧与鄂尔多斯台地交接处,南北带状,北起红崖子,南至月牙湖,长 60km,宽 3~10km。中段多为高大沙丘链,丘间多为潮湿型浮沙土或沙质潮土,多有芦苇及沙竹生长。南段和北段地形相对较高,沙丘较矮,高度多在 5m 以下,丘间地多为干燥型浮沙土,生长有稀疏沙蒿及麻黄等植物。

(2)灵武猪头岭沙带。主要分布在鄂尔多斯台地上,部分在与鄂尔多斯台地相交接的黄河冲积平原区内,北起马鞍山南麓,南至石沟驿,马家滩一带,长 40km,宽 20~30km,多为高大流动沙丘,尤以猪头岭、白芨芨滩一带沙丘密集,为格状沙丘带,丘高可达 20 余米。地形高,地下水深,多为干燥型沙丘地。白芨芨滩附近丘间地比较潮润,现为白芨芨滩林场,栽种的沙柳、小叶杨、榆树及沙枣生长较好。

(3)中卫北流沙带。位于中卫县北部,为腾格里沙漠的南缘,西起中卫县甘塘,东至中宁石空,长约 90km,宽 6~10km,包兰铁路穿过此沙带。由于地形高,风大,故沙漠危害较大,尤以沙坡头段沙丘密集高大,丘间地也为干燥浮沙,风沙危害尤重,已扎草方格沙障防沙护路,效果很好。

(4)兴武营—崔家塘流沙带,主要位于盐池县境内,西由陶乐县南部黄河沿岸至灵武县横城,从毛卜喇进入盐池县,经兴武营、硝池子北、高丽乌苏,向东南到崔家塘。此沙带与内蒙古接壤,长约 90km,宽 3~7km。此沙带在盐池境内与毛乌素沙漠相连,为格状沙丘,丘间地面积较小。

（5）魏庄子（宝塔南）—黄家沙窝流沙带。西由灵武县白芨芨滩向东进入盐池县、经西梁、马场、高沙窝、八步站台、安定堡到黄家沙窝，长约50km，宽约5~10km。地势高，地形稍有起伏，地下水很深，多为低矮沙丘及浮沙地，沙层干燥，生长沙蒿、白刺及冷蒿植物，覆盖度不到20%。

（6）脑苦沙窝—敖包湾流沙带。西起脑苦沙窝，向东南经一棵树、西沙边子、东沙边子到敖包湾东进入陕西界。此沙带与内蒙古接壤，长约27km，宽4km，多为中低形沙丘，部分为浮沙地，多数沙层干燥，东、西沙边子附近地形较低，丘间地多为湿润型浮沙土，造林成活率较高。

（7）铁柱泉—哈巴湖流沙带。西起铁柱泉经哈巴湖、南海子、左记沟台、猫头梁、二道湖向东经太平庙入陕西境内，长40km，宽4~8km，为盐池县中部流沙带。多为中、高型流沙丘及浮沙地，部分为固定、半固定沙丘。丘间地约有一半为湿润型的浮沙或沙质潮土，适宜种草。哈巴湖与二道湖林场在此流沙带内造林垦种约10万亩，对改良此沙带起到良好作用。

（8）太平庙—八岔梁南流沙带。南起盐池县太平庙向东北至绿庄湾、大井梁到八岔南梁，长约26km，宽4km，此沙带与陕西省定边县接壤，为断续流沙群分布，沙层干燥，大风时向东南移动，直逼定边。此外，银川平原引黄灌区内部尚有洪广营较大的沙区。

二、宁夏沙化土地监测结果

1. 沙化土地现状

（1）沙化土地程度

土地沙化程度是按照沙化土地植被盖度和沙丘纹理情况确定（表4-1），根据遥感数据资料，对1994年、1999年、2004年、2009年、2014年土地沙化程度进行调查，并进行对比（表4-2，图4-1）：土地沙化程度总体是由极重度—重度—中度—轻度转变。1994—2014年20年沙漠化土地面积减少13.15万hm²。轻度沙漠化土地面积由1994年的62.2万hm²增加到2014年的75.49万hm²，增加了13.29万hm²；中度沙漠化土地面积由1994年的20.6万hm²增加到2014年的20.9万hm²，增加了0.3万hm²；重度沙漠化土地面积由1994年的19.2万hm²减少到2014年的8.14万hm²，减少了11.06万hm²；极重度沙漠化土地面积由1994年的23.6万hm²减少到2014年的7.92万hm²，减少了15.68万hm²。

表 4-1　宁夏沙漠化程度分类统计

沙漠化类型	沙化程度	地表形态特征	植被覆盖度	年侵蚀量	分布范围
潜在沙漠化	潜在沙漠化	风沙活动相对较弱，地表形态多为砾质荒漠及固定沙地，流沙面积<10%，沙层厚度<1m	原生植被已趋旱化矮化，植被盖度>40%	240~2250	贺兰山、卫宁北山山前低矮丘陵及洪积扇平原、宁中低山丘陵及山间洼地及清水河河谷平原北段
正在发展中	轻度沙漠化	风沙活动明显，多风蚀坡、坑，出现片状、点状沙地或灌丛沙丘。流沙面积10%~30%，积沙厚度<1m	原生植被退居次要地位。沙生植被与原生植被呈现镶嵌分布，植被盖度20%~40%	2250~4500	贺兰山、卫宁北山山前低矮丘陵及洪积扇平原、宁中低山丘陵及山间洼地及清水河河谷平原北段
强烈发展的	中度沙漠化	风沙活动频繁，流动沙丘、灌丛、沙堆、固定沙丘与滩地相间分布，沙丘间和滩地开阔，多为牧场，流沙面积30%~50%，积沙厚度一般仅数米	原生植被衰败，多年生沙生植被稀疏，植被盖度<20%	4500~9000	穿插分布于陶灵盐台地，宁中低山丘陵及山间洼地
严重沙漠化	强度沙漠化	风沙活动强烈，流动半流动沙丘、沙地为主，流动面积占50%以上，积沙厚度10m	原生植被解体，沙生植被代替，植被盖度<20%	>9000	陶乐台地大部分及灵盐台地北部
沙漠	极强度沙漠化	沙漠区积沙厚度10~40m，沙丘连绵，其他沙地积沙厚度数米，风蚀地貌发育	沙生植被覆盖率<10%	>18000	卫宁平原北腾格里沙漠南缘、陶乐台地毛乌素沙地南缘

表 4-2　1994—2014 年宁夏沙漠化土地程度统计

单位：万 hm²

年度	1994		1999		2004		2009		2014	
	面积	比例	面积	比例	面积	比例	面积	比例	面积	比例
轻度	62.2	49.52	64.3	53.23	68.59	58.06	69.43	59.74	75.49	67.13
中度	20.6	16.40	21.3	17.63	16.51	13.97	17.76	15.28	20.9	18.59
重度	19.2	15.29	15.3	12.67	18.75	15.87	17.22	14.82	8.14	7.24
极重度	23.6	18.79	19.9	16.47	14.29	12.10	11.81	10.16	7.92	7.04
沙化土地	125.6	100.00	120.8	100.00	118.14	100.00	116.22	100.00	112.45	100.00

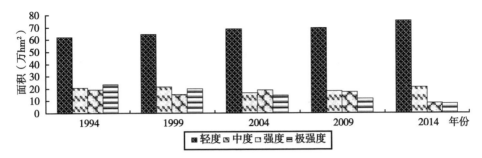

图4-1 宁夏土地沙漠化分类动态趋势

（2）沙化土地类型

表4-3 1994—2014 宁夏沙化土地类型统计   单位：万 hm²

年度	合计	流动沙地	半固定沙地	固定沙地	沙化耕地	其他沙化
1994	125.60	20.69	23.35	53.15	5.50	22.91
1999	120.81	18.40	15.53	61.74	13.68	11.46
2004	118.14	12.85	9.42	68.07	16.26	11.54
2009	116.22	10.78	11.44	74.03	10.10	9.87
2014	112.45	7.15	8.80	79.44	8.36	8.71
年均变化	-0.56	-0.68	-0.73	1.32	0.14	-0.61

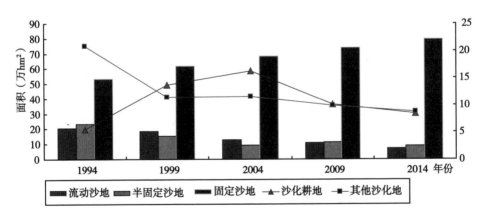

图4-2 宁夏沙化土地类型

宁夏沙化土地主要有 5 种类型，但主要是固定沙地、流动沙地和半固定沙地，此次动态变化仅对主要类型进行分析。由表4-3 和图4-2 可以看出，沙化土地类型总体由流动沙地→半固定沙地→固定沙地转变。其中，固定沙地面积呈增长的趋势。流动沙地由 1994 年的 20.69 万 hm² 减少到 2014 年的 7.15 万 hm²，年均减少 0.68 万 hm²；半固定沙地由 1994 年的 23.35 万 hm² 减少到 2014 年的

8.80 万 hm²，年均减少 0.73 万 hm²；固定沙地由 1994 年的 53.15 万 hm² 增加到 2014 年的 79.44 万 hm²，年均增加 1.32 万 hm²；沙化耕地由 1994 年的 5.50 万 hm² 增加到 2014 年的 8.36 万 hm²，年均增加 0.14 万 hm²；其他沙化土地由 1994 年的 22.91 万 hm² 减少到 2014 年的 8.71 万 hm²，年均减少 0.71 万 hm²。

表 4-4　宁夏沙化土地程度与土地沙化类型之间关联系数

关联矩阵	轻度	中度	重度	极重度
流动沙地	0.2085	0.3893	0.2894	0.8701
半固定沙地	0.1903	0.2779	0.2675	0.4385
固定沙地	0.5950	0.2003	0.2791	0.2188
沙化耕地	0.3078	0.2525	0.2425	0.3698
其他沙化	0.2607	0.2635	0.3343	0.5771

流动沙地与沙化程度之间：极重度（0.8701）＞中度（0.3893）＞重度（0.2894）＞轻度（0.2085）；半固定沙地：极重度（0.4385）＞中度（0.2779）＞重度（0.2675）＞轻度（0.1903）；固定沙地：轻度（0.5950）＞重度（0.2791）＞极重度（0.2188）＞中度（0.2003）；沙化耕地：极重度（0.3698）＞轻度（0.3078）＞中度（0.2525）＞强度（0.2425）；其他沙化土地：极重度（0.5771）＞重度（0.3343）＞中度（0.2635）＞轻度（0.2607）。通过表 4-4 可以看出，宁夏沙漠化土地类型除了固定沙地与轻度关联系数最大，其他几个类型都与极重度关联系数最大。

（3）沙化土地动态变化分析

表 4-5　不同时期宁夏沙漠化土地面积统计

年份	沙漠化土地面积（万 hm²）	变化值（万 hm²）	变化率（%）
1949	128.4	—	—
1949—1960	129.6	1.2	0.9
1961—1970	132.7	3.1	2.4
1971—1990	126.9	−5.8	−4.4
1991—1994	125.6	−1.3	−1.0
1995—1999	120.8	−4.8	−3.8
1999—2004	118.3	−2.5	−2.1
2004—2009	116.2	−2.1	−1.8
2009—2014	112.5	−3.7	−3.2

宁夏沙化土地的变化趋势可分为两个阶段（表4-5、图4-3），第一阶段是20世纪70年代以前，沙化土地是一个增加的趋势，20年沙化土地面积由1949年的128.4万hm²到1970年的132.7万hm²，增加了4.3万hm²。第二阶段是70年代以后，沙化土地是一个减少的趋势，从1970年的132.7万hm²减少到2014年的112.5万hm²，45年减少了20.2万hm²。

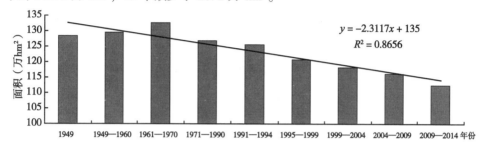

$$y = -2.3117x + 135$$
$$R^2 = 0.8656$$

图4-3 宁夏土地沙漠化动态

2. 沙化土地面积预测

通过对影响宁夏土地沙漠化变化因素的数据资料进行统计分析，探讨其在时间上的变化规律，可以得出沙漠化动态规模变化的长期趋势，从而对他的未来变化进行预测。但是，由于影响沙漠化变化的因素众多，且有些因素是不完全确定的，从而增加了资料获取的难度，影响预测结果的精度。灰色预测法是一种对既含有已知信息又含有不确定因素的系统进行预测的方法，他的特点是所需信息量少，不仅能够将无序离散的原始序列转化为有序序列，而且预测精度高，能够保持原系统的特征，较好地反映系统的实际情况。

（1）GM（1，1）模型建立的基本过程。

GM（1，1）模型是基于累加生成的数列预测模型，建立的步骤为：

①x^0（1），x^0（2），…，x^0（M）是所要预测的某项指标的原始数据。对原始数据作一次累加生成处理，即

$$x^{(1)}(M) = \sum_{i=1}^{M} x^{(0)}(t) \tag{1}$$

得到一个新的数列，这个新的数列与原始数列相比，其随机性程度大大弱化，平稳性大大增加。

②将新数列的变化趋势近似地用微分方程描述，

$$\frac{dx^{(1)}}{dt} + ax^{(1)} = u \tag{2}$$

其中，a、u为辨识参数。辨识参数通过最小二乘法拟合得到，

$$\begin{bmatrix} a \\ u \end{bmatrix} = (B^T B)^{-1} B^T Y_M \tag{3}$$

③构造数据矩阵(3)，式中 Y_M 为列向量，$Y_M =$ [x^0（2），x^0（3），x^0（4），x^0（M）]^T，B 为构造数据矩阵，

$$B = \begin{bmatrix} -\frac{1}{2}[x^{(1)}(1) + x^{(1)}(2)] & 1 \\ -\frac{1}{2}[x^{(1)}(2) + x^{(1)}(3)] & 1 \\ \vdots & \vdots \\ -\frac{1}{2}[x^{(1)}(M-1) + x^{(1)}(M)] & 1 \end{bmatrix}$$

④求出预测模型（表4-6）

$$x^{(1)}(t+1) = \left[x^{(0)}(1) - \frac{u}{a}\right]e^{-at} + \frac{u}{a}$$

（2）实例分析。

表4-6 灰色 GM（1，1）模型

程度	数学模型	C
轻度	x（t+1）= 1.2440exp（0.1631t）-0.9561	0.0379
中度	x（t+1）= -3.1158exp（-0.3205t）+3.7170	0.1489
重度	x（t+1）= 8.0778exp（0.0796t）-6.4102	0.1421
极重度	x（t+1）= -0.5748exp（-0.3652t）+0.6909	0.0133
沙化土地	x（t+1）= -4.168990exp（-0.030022t）+4.286124	0.0164

为了保证预测的可行性，采用线性纠正偏差结果如下。

表4-7 沙漠化土地面积预测

年度	2019			2024		
	线性法	灰色法	均值	线性法	灰色法	平均
轻度	77.51	78.49	78.00	80.67	82.51	81.59
中度	18.53	16.97	17.75	18.24	16.73	17.49
重度	9.60	14.22	11.91	7.64	16.14	11.89
极重度	3.67	6.48	5.08	0.28	5.00	2.64
沙化土地	106.29	110.66	108.48	103.21	108.43	105.82
预测内差值	3.02	5.50	4.26	3.62	11.95	7.79

从表 4-7 中可以看出，预计到 2019 年沙漠化土地面积 108.48 万 hm²，2024 年沙漠化土地面积达到 105.82 万 hm²。

三、近 10 年沙化土地变化分析

1. 2014 年沙化土地现状

结合遥感影像判读和野外调查，获取了 2014 年宁夏沙化土地面积、分布及分级情况。附图 2 是宁夏区沙化土地的分布及分级图，可以看出，2014 年宁夏区主要沙化土地分布区域在除固原市以外的几个县市区，其中处于毛乌素沙地边缘的盐池县和灵武市的沙化土地主要分布区，沙化程度总体较轻，轻度沙化土地面积较大。沙坡头区也有较大面积的沙地分布，其中位于腾格里沙漠南缘的沙地属极重度沙化，所占比重较大。除此之外，平罗县和银川市兴庆区东部有较大面积的流动沙地分布，属极重度沙化区域。在同心县、红寺堡区、中宁县、青铜峡市、永宁、银川、贺兰、大武口区均有小面积沙地分布。其中，青铜峡西北部和贺兰山沿山一带的沙地多处于贺兰山山前洪积扇，土地属砾质沙化土地，其质地差，植被生长困难，恢复难度大。

统计表明，截至 2014 年，宁夏沙化土地总面积为 112.45 万 hm²，其中轻度沙漠化、中度沙漠化、重度沙漠化和极重度沙漠化面积分别为 75.49、20.90、8.14 和 7.92 万 hm²。各级沙化土地所占比重如图 4-4 所示，其中轻度沙化土地所占比重最大，中度沙化土地所占比重为 18.57%，重度和极重度沙化土地所占比重较低。这表明宁夏土地沙化情况总体向好的趋势发展。

2. 宁夏沙化土地的变化

（1）空间变化。在分析沙化土地现状的同时，对过去沙地的分布情况也进行了分析。绘制了 2004 年和 2009 年的沙化土地分布图，并与 2014 年沙化土地进行对比（附图 1），可以看出不同类型的沙化土地空间变化情况。

总体来看，2004 年、2009 年和 2014 年沙化土地空间分布变化不大，值得注意的是 2004—2014 年，重度沙化和极重度沙化土地的面积有明显减少，轻度沙化和中度沙化的面积有所增加。

在各年份沙地分布的基础上，对 2004 年和 2009 年、2009 年和 2014 年沙化土地栅格图做了差值，以分析其空间变化。把栅格图按类型分为 5 级（0-非沙化土地，1-轻度沙化，2-中度沙化，3-中度沙化，4-极重度沙化），不同级别以不同数字表示，栅格做差值以后则未发生变化的沙地值为 0，发生变化的值其变化范围在 -4~4，把该值再按不同值进行区分，该值为正则表明沙地恢复，该值为负则表明沙地退化，沙化情况恶化。依据计算值，沙地恢复和恶化均可分为 4 个

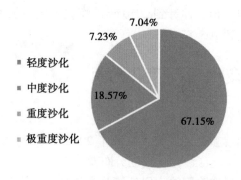

图 4-4　2014 年不同程度沙化土地所占比重

级别。

宁夏沙地年际间的空间变化如附图 2，可以看出，2004—2009 年，平罗及兴庆区东部、灵武北部地区、银川南部及永宁西部、盐池中北部地区、青铜峡大部地区、沙坡头区东北部地区的沙地沙化程度减轻，沙地有所恢复；惠农区北部、盐池南部地区、灵武南部地区、同心北部地区沙化程度加重。2009—2014 年，全区沙地总体沙化程度减轻，但也存在局部恶化的情况。贺兰山沿山地区、惠农区北部、灵武北部、中宁南部、盐池大部地区和同心北部地区的沙化程度减轻，沙地恢复，灵武南部和盐池局部地区、中宁和沙坡头区的北部部分地区、同心局部地区沙化情况有所加重。

（2）时间变化。从三次调查的总体情况来看，宁夏沙化土地面积呈现出逐年下降趋势，如图 4-5 所示，2004 年、2009 年和 2014 年宁夏沙化土地总面积分别为 118.14 万、116.22 万和 112.45 万 hm²。2009 年较 2004 年沙化土地总面积下降了 1.7%，2014 年较 2009 年下降了 3.5%，下降趋势明显。这表明，随着时间的推移，宁夏沙地植被在逐渐恢复，流沙面积在减少。

图 4-6 和图 4-7 是不同程度沙化土地面积和各级沙化土地所占比重，可以看出，从 2004—2009 年，轻度沙化土地和中度沙化土地面积有所增加，而重度沙化土地和极重度沙化土地面积有所减少。这表明，在此期间，有一定面积的重度和极重度沙化土地转变为轻度和中度沙化。

总体来看，从 2004—2014 年宁夏沙地总面积减少，沙漠化程度逐年减轻，生态环境好转趋势明显。

3. 沙化土地的敏感性

在大区域尺度上，沙漠化敏感程度一般用湿润指数、土壤质地及起沙风的天数等来评价。由于宁夏沙地所跨地理范围较小，因此其起沙风天数等指标可能差异不大。此外，不同区域人口数量、社会发展水平不均等，人类对沙地的干扰程

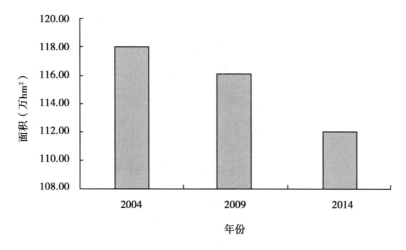

图 4-5　宁夏沙地总面积变化

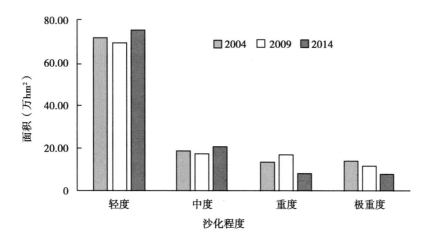

图 4-6　不同程度沙地面积变化

度也不同，人为因素也是一个要考虑的主要因素。生态脆弱区很容易受到外界各种因素的干扰，如果一个区域沙化程度有明显的反复情况出现，我们认为该区生态很脆弱，最容易受到各种外界因素的影响。因此我们以沙地生态脆弱区作为沙化土地敏感区。

为了定量评估某一地区在一定时间段内沙化程度的变化强度，我们采用绝对变化率的值来进行辅助分析。绝对变化率的计算公式如下：

$$d = \frac{1}{n} \sum_{i=1}^{n} |\, y_i - \bar{y} \,|$$

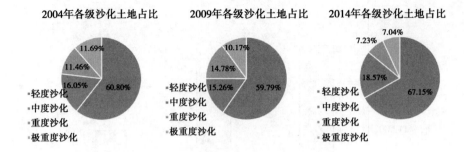

图 4-7　各年度各级沙化土地所占比重

其中 d 为绝对变化率，y_i 为某一年度的沙化等级（1—4 级），$\bar{y}$ 为研究期内沙化等级的平均值。d 值越大说明在研究期内沙化程度等级变化越大，其状态越不稳定；而 d 值越小说明在研究期沙化程度等级变化越小，状态较稳定。

对 2004—2014 年全区沙化土地的绝对变化率进行分析，如附图 3a 所示。可以看出，沙化程度变化最为敏感的区域主要分布于大武口、平罗、贺兰、银川、灵武北部、中宁和沙坡头区。和全区平均降水量（附图 3b）进行对比发现，沙化最为敏感的区域主要分布于 240mm 等雨线以西区域。这一区域多年平均降水量在 240mm 以下，极度干旱，植被也最为脆弱，因此对气候变化和人类活动的响应更加敏感。因此这一区域也是未来生态环境监测和评价中需重视的地区。

表 4-8　沙漠化敏感性分级标准

类别	不敏感	轻度敏感	中度敏感	强度敏感	极敏感
湿润指数	>0.65	0.50~0.65	0.20~0.50	0.50~0.20	<0.05
大风天气	<15	15~30	30~45	45~60	>60
平均风速	0~2.6	2.6~4.6	4.6~5.9	8.0~5.9	>8.0
土壤质地	壤质土	壤质土	沙壤土	沙土	松沙土
植被盖度（冬春）	茂密	适中	较少	稀疏	裸地
分级赋值（D）	1	3	5	7	9
分级标准（DS）	1~2.0	2.1~4.0	4.1~6.0	6.1~8.0	>8.0

宁夏土地沙化敏感性分为极敏感、高度敏感、中度敏感、轻度敏感和不敏感5 级（表 4-8），极敏感区主要集中在与腾格里沙漠接壤的沙坡头区的北部边缘

地带，高度敏感区主要分布在与毛乌素沙地接壤的盐池县、灵武市和红寺堡区的大部分地区，中度敏感区广泛分布于土地沙化极敏感区和高度敏感区的周边地区，轻度敏感区呈带状分布于中度敏感区的四周，不敏感区分布在中部干旱带最南端地区。

4. 植被覆盖度的变化

（1）植被覆盖时空变化。沙漠化程度和植被覆盖密切相关。为了定量评估某一地区在一定时间段内植被覆盖度的变化趋势，我们用过去 15 年（2001—2015 年）Modis 影像数据分析植被的变化趋势。

采用一元线性回归分析的方法，对时间变量和植被覆盖度进行回归模拟，并利用最小二乘法，计算出植被覆盖度与时间的回归斜率。

$$k = \frac{n \times \sum_{i=1}^{n}(t_i \times y_i) - \sum_{i=1}^{n} t_i \sum_{i=1}^{n} y_i}{n \times \sum_{i=1}^{n} t_i^2 - (\sum_{i=1}^{n} t_i)^2}$$

式中：k 为回归斜率；n 为研究年限；t_i 为时间变量；y_i 为植被覆盖度。k 反映的是植被覆盖度在研究期内的变化趋势，$k>0$ 说明植被覆盖度在研究期内处于增加趋势，反之则是减少趋势。每个像元点在研究期内的变化趋势都能得到一个 k 值，从而构成了一幅 k 值图像，通过 k 值图像可以看出研究区植被覆盖度在过去 15 年中的变化趋势。

从附图 4 中可以看出，2001—2015 年全区植被覆盖度增加的区域主要分布于南部山区清水河流域灌区、中宁红寺堡灌区、盐池大部分地区、灵武西部地区、平罗及惠农区的大部分地区；而植被覆盖度下降的区域主要出现在银川市及周边区域各个县市的城区、永宁东部、青铜峡及利通区的交界处，这些区域主要受到城市化及种植结构变化影响，导致植被覆盖度降低。从沙区植被覆盖来看，盐池大部分沙地植被覆盖度都是上升趋势，中卫及中宁部分沙地植被覆盖度有下降趋势，大武口沿山部分区域植被覆盖度有下降趋势，主要与当地的土地开发利用有关。

（2）2014 年植被盖度状况。

表 4-9　植被覆盖度统计　　　　　　　　　　　单位：万 hm²

盖度 ＼ 年度	2004	2009	2014	$\bar{x}$	动态
<10	17.91	18.49	11.56	15.99	−6.35
10~19	7.89	7.10	5.11	6.70	−2.78

（续表）

年度 盖度	2004	2009	2014	$\bar{x}$	动态
20~29	14.43	25.50	15.06	18.33	0.63
30~39	33.46	38.37	45.96	39.26	12.50
40~49	38.73	39.59	43.16	40.49	4.42
50~59	21.61	26.01	47.64	31.75	26.03
60~69	20.35	18.53	20.22	19.70	-0.13
70~79	22.37	16.59	13.87	17.61	-8.50
≥80	10.68	8.43	9.07	9.39	-1.61

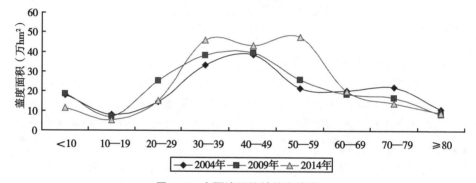

图4-8　宁夏沙区植被盖度统计

从图4-8中可以看出，宁夏沙化土地植被覆盖度呈现两头低，中间增长的趋势，自2004年以来，宁夏沙化土地植被盖度的面积增加24.21万 hm²，植被状况逐年改善。2004年植被平均覆盖度45.78%，2009年植被平均覆盖度为43.08%，2014年植被平均盖度为46.34%（表4-9）。

从表4-10中可以看出，植被覆盖度30%以下，和降水量关联比较强，宁夏年降水量在300mm左右，而且分布不均匀，主要集中在7—9月，不利于天然草场的返青和分蘖；植被覆盖度在30%~60%主要和气温关联比较强，温度与产草量有着密切的关系，在牧草生长初期，每旬平均增长60kg/hm²，在旺盛生长期每旬平均增长75kg/hm²；植被覆盖度60%以上和日照时数关联比较强，宁夏光照充分，植物的生物量的90%~95%是通过光合作用形成的。

表 4-10　植被盖度关联系数　　　　单位：万 hm²

关联矩阵	气温	降水量	日照时数	风速
<10	0.3654	0.5443	0.3943	0.3600
10~19	0.4062	0.5024	0.4482	0.4203
20~29	0.4039	0.5481	0.4021	0.3412
30~39	0.7712	0.3592	0.3636	0.3507
40~49	0.6036	0.3623	0.3843	0.4061
50~59	0.5937	0.3645	0.3891	0.3890
60~69	0.3964	0.3642	0.4933	0.3314
70~79	0.4159	0.4896	0.6241	0.6960
≥80	0.3563	0.3697	0.9162	0.5223

5. 有明显沙化趋势的土地动态变化

表 4-11　宁夏主要县市明显沙化趋势土地动态变化　　　　单位：万 hm²

县市	2014	2009	减少
沙坡头	9.93	14.75	4.82
中宁县	6.96	7.24	0.28
红寺堡	3.41	4.03	0.62
青铜峡	1.83	2.20	0.37
全区	26.85	33.54	6.69

　　有明显沙化趋势的土地主要分布在沙坡头区、中宁县、红寺堡、青铜峡市等地（表 4-11）。沙坡头有明显沙化趋势的土地面积 9.93 万 hm²，占总面积的 37.0%，减少 4.82 万 hm²；中宁县有明显沙化趋势的土地面积 6.96 万 hm²，占总面积的 25.9%，减少 0.28 万 hm²；红寺堡有明显沙化趋势的土地面积 3.41 万 hm²，占总面积的 12.7%，减少 0.62 万 hm²；青铜峡有明显沙化趋势的土地面积 1.83 万 hm²，占总面积的 6.8%，减少 0.37 万 hm²。全区有明显沙化趋势的土地面积 26.85 万 hm²，5 年减少 6.69 万 hm²，年均减少 1.34 万 hm²。

表 4-12　沙化趋势土地利用类型变化统计　　　　单位：万 hm²

年度	耕地	林地	草地	未利用地	合计
2009	1.11	2.49	27.83	2.12	33.54
2014	0.39	2.95	22.05	1.50	26.85

（续表）

年度	耕地	林地	草地	未利用地	合计
2009—2014	-0.72	0.43	-5.77	-0.62	-6.69
年均	-0.14	0.09	-1.15	-0.12	-1.34

有明显沙化趋势土地利用类型动态（表 4-12）：耕地减少 0.72 万 hm^2，年均减少 0.14 万 hm^2；林地增加 0.43 万 hm^2，年均增加 0.09 万 hm^2；草地减少 5.77 万 hm^2，年均减少 1.15 万 hm^2；未利用地减少 0.62 万 hm^2，年均减少 0.12 万 hm^2。

第五章　宁夏风沙区气候特点研究

一、宁夏气候变化规律

1. 风速变化规律

风速是表示风力大小的一个数量指标，是研究风力侵蚀必备因素之一。在气象风速预报上常用几级风来表示，研究中则主要以速度单位（m/s）表示。风速和风力等级有密切相关性，为更好地表述不同景观地貌风力侵蚀特征，阐明监测风速与气象预报中风力等级间相关性，将描述风速相关指标摘录见表5-1。

表5-1　风速与风力等级对照

风级	名称	风速范围/（m/s）	平均风速/（m/s）	地面物象
0	无风	0.0~0.2	0.1	炊烟直上
1	软风	0.3~1.5	0.9	烟示风向
2	轻风	1.6~3.3	2.5	感觉有风
3	微风	3.4~5.4	4.4	旌旗展开
4	和风	5.5~7.9	6.7	尘土吹起
5	劲风	8.0~10.7	9.4	小树摇摆
6	强风	10.8~13.8	12.3	电线有声
7	疾风	13.9~17.1	15.5	步行困难
8	大风	17.2~20.7	19.0	折毁树枝
9	烈风	20.8~24.4	22.6	房屋小损
10	狂风	24.5~28.4	26.5	树木拔起
11	暴风	28.5~32.6	30.6	损坏普遍
12	飓风	32.7~37.0	34.7	摧毁巨大

注：本表所列风速是指平地上离地10m处的风速值

2. 起沙风速的确定

土沙粒在风力作用下所产生的吹扬、搬运和堆积过程。风对地表所产生的剪切力和冲力引起细小的土壤从团粒或者从土块分离，继之土粒或沙粒被风挟带，当风速降低之后，土沙粒则从空气中沉降下来。这3个过程是先后连续和互有影响的。风蚀的强度受风力强弱、地表状况、粒径和比重等综合因素的影响，当气流的上升力和冲击力大于土粒和沙粒的重力以及颗粒间相互联结力，并克服地表的摩擦阻力，土粒或沙粒就会卷入气流，随风运行。这种挟裹大量土沙粒的气流称为风沙流。形成风沙流之后，风对地表的冲力就大大增加，风对地表的磨蚀作用也显著加强，能使更多的土粒从土块和团聚体里搬走。起沙风是确定风沙活动发生与否及其强度的重要依据，也是研究风沙运动规律、解决风沙工程问题的关键指标之一。他与沙粒粒径、下垫面性质、沙粒含水率等多种因素有关。要确定起沙风速，必须明确观测风速的时速、观测高度和沙粒起动性质（陈渭南，1995）。我国沙漠多，多属粒径0.1~0.25mm的细沙。根据前人的研究结果和野外大量观测表明，对于一般干燥裸露的沙质地表来说，当离地面2m高度处，风速达到4m/s左右，或者相当于气象台站风标风速≥5m/s时，沙粒开始起动，形成风沙流（吴正，1987）。起沙风速是确定风沙运动发生与否及其强度的重要判据，对研究风沙运动规律与治沙有着重要意义，为风沙物理学所关注。当风力达到起动风速时沙粒运动。沙粒的起动风速主要受沙粒粒径的制约，还与地表性质、沙子含水率和盐度及植被覆盖度等多种因素有关（表5-2），通常只有在平均风速达到7.0~8.0m/s时才能形成稳定的风沙流（王银梅，2004）。

表5-2　起动风速与沙粒粒径、地表特征关系

沙粒粒径/mm	起动风速（离地2m高处）			沙粒粒径/mm	起动风速（离地2m高处）		
	光板地表	细沙地表	粗沙地表		光板地表	细沙地表	粗沙地表
0.15	5.2	5.4	5.8	0.85	9.9	11.5	13.6
0.25	6.8	7.0	7.5	1.00	11.7	14.3	15.4
0.40	7.3	7.9	9.3	1.50	12.4	15.5	16.6
0.50	8.1	8.8	10.8	2.00	15.3	19.0	20.5
0.70	8.9	10.1	12.6	2.50	16.5	—	22.4

3. 宁夏的风速及大风日数

表5-3　各地主要多年平均月、年风速　　　　　　　　　　单位：m/s

地方	1	2	3	4	5	6	7	8	9	10	11	12	全年
盐池县	2.8	2.6	2.9	3.4	3.4	3.0	2.7	2.5	2.3	2.3	2.8	2.7	2.8
灵武市	2.7	2.7	2.9	3.0	2.8	2.5	2.4	2.2	1.9	2.1	2.7	2.7	2.6

（续表）

地方	1	2	3	4	5	6	7	8	9	10	11	12	全年
中卫市	2.1	2.3	2.9	3.2	2.9	2.3	2.3	2.3	2.0	1.9	2.1	1.9	2.4
陶乐	2.2	2.5	2.9	3.2	3.3	2.9	2.7	2.5	2.3	2.2	2.4	2.2	2.6
贺兰山	9.8	9.0	8.8	8.0	6.9	5.7	5.0	5.1	5.4	6.9	10.3	11.0	7.7
六盘山	6.8	6.6	6.8	6.9	6.5	6.1	6.0	6.5	6.1	6.2	6.5	7.0	6.5

表5-4 各地多年大风日数 单位：d

地区	最多	最少	平均	地区	最多	最少	平均
石嘴山	107	14	55	盐池	69	8	23.7
银川	56	11	28	同心	53	15	28.8
中宁	49	1	8	海原	53	9	30.2
中卫	16	1	8	六盘山	188	107	144.9

宁夏年平均风速一般为2~3m/s，风沙区一般较大为3m/s左右（表5-3）。平均风速随季节和月份变化，春季最大，冬季次之，秋季最小；平均风速最大的是4月，最小的月份是9月或10月。风速的日内变化很明显，白天大于夜晚，高峰出现在15时前后，低谷出现在7时前后。大风日数的年际变化也很大（表5-4）。

4. 宁夏沙尘暴持续时间及最大风速变化

表5-5 宁夏中北部沙尘暴持续时间及最大风速统计

日期（年-月-日）		站点						
		惠农	陶乐	银川	中卫	中宁	盐池	同心
1993-05-05	持续时间/h	6.26	7.08	3.26	1.22	0.45	4.00	1.09
	最大风速 m/s	30.0	16.0	16.7	20.3	17.0	10.0	15.3
1984-04-19	持续时间/h	2.54	10.55	2.67	0.16	3.06	13.35	2.40
	最大风速 m/s	19.0	9.7	16.3	11.0	13.0	11.0	12.3
1983-04-27	持续时间/h	4.43	14.36	19.17	1.31	3.01	19.41	24.07
	最大风速 m/s	25.0	15.7	21.0	20.0	20.0	15.0	18.3
1982-05-04	持续时间/h	3.07	6.18	7.49	1.42	2.44	17.07	4.58
	最大风速 m/s	18.0	12.7	15.0	10.7	11.0	14.0	11.0
1972-04-30	持续时间/h	6.56	7.45	2.28	4.50	1.40	4.05	8.38
	最大风速 m/s	17.0	15.0	8.0	9.0	12.0	9.3	9.0

（续表）

日期（年-月-日）		站点						
		惠农	陶乐	银川	中卫	中宁	盐池	同心
1966-04-14	持续时间/h	6.28	5.27	8.16	6.30	4.15	8.52	9.40
	最大风速 m/s	16.0	12.0	12.0	16.0	12.0	14.0	16.0
1963-01-28	持续时间/h	6.23	9.18	5.48	8.45	3.48	9.22	8.0
	最大风速 m/s	18.0	14.0	14.0	24.0	14.0	14.0	14.0

（李艳春，2005 年，宁夏中北部沙尘暴过程中气象要素变化特征及成因分析）

选择 1961—2000 年 7 个代表站在同一天均出现沙尘暴天气的 7 个个例，统计各代表站沙尘暴天气持续时间和最大风速（表 5-5）。可以看出，各代表站在同一沙尘暴天气发生过程中持续时间相差甚远，最长的持续 20h 以上，最短的只有 16s。除 1993 年 5 月 5 日的强沙尘暴天气，其持续时间自西北向东南方向递减外，其他 6 次沙尘暴均以盐池或同心持续时间最长，陶乐、惠农、银川，中卫、中宁持续时间最短。但从平均最大风速分布来看惠农站最大，其次是中卫站，盐池、同心最小。这就是说，最大风速相对较小的盐池、同心站沙尘暴天气的持续时间反而最长。

5. 宁夏降水量变化

20 世纪 60 年代以来，宁夏年降水量呈现下降趋势（图 5-1），平均下降速率为 6.7mm/10 年，其中中部干旱带降水量减少最为明显，平均下降速率达 12.1mm/10 年。区域性降水量的普遍减少，造成宁夏等降水量线呈现整体向南移动的趋势。相对于 1959—1970 年，2001—2014 年 200mm、300mm 和 400mm 等降水量线分别向南移动了约 45km、50km 和 65km。尤其是中部干旱带地区，移动幅度最大，而中部干旱带是宁夏风蚀荒漠化面积分布最广、程度最为严重的地区，也是宁夏沙尘暴多发地区。同时，降水的时空分布不均日趋严重，尤其是冬、春季降水量明显减少，夏、秋季降水量变化幅度加大，对地表植被出苗及生长发育产生较大影响。降水量的减少和干旱的加剧直接影响了荒漠化地区的植被恢复，加剧了土地荒漠化（图 5-1、图 5-2）。

6. 宁夏气温变化规律

近 50 年来，宁夏气候变暖十分明显，平均升温速度为 0.42℃/10 年。与 20 世纪 60 年代相比，2006—2010 年年平均气温升高了 2.13℃（图 5-3）。气温的增加，造成蒸发量的增加，使得区域气候逐渐干燥，给地表植被生长带来极大影响，不利于自然修复，潜在荒漠化趋势增强。特别是宁夏中部干旱带，在水资源短缺的情况下，气温升高，势必造成出现干旱的概率增大，干旱持续时间加长，土壤肥力进一步降低，初级生产力下降，地表植被退化，加大了荒漠化产生和发

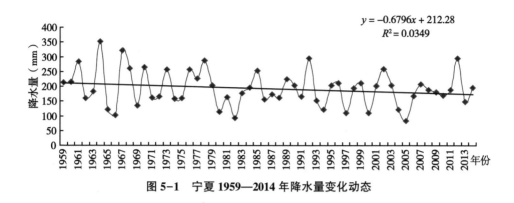

$$y = -0.6796x + 212.28$$
$$R^2 = 0.0349$$

图 5-1　宁夏 1959—2014 年降水量变化动态

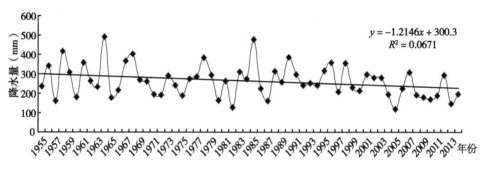

$$y = -1.2146x + 300.3$$
$$R^2 = 0.0671$$

图 5-2　宁夏 1955—2014 年降水量变化动态

展的概率和风险（图 5-3）。

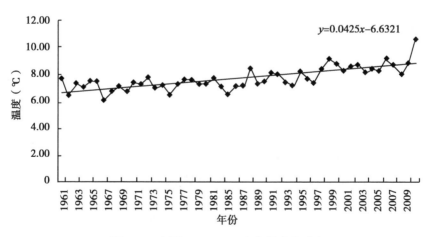

$$y=0.0425x-6.6321$$

图 5-3　宁夏 1961—2010 年气温变化动态

二、盐池县沙区气象规律

1. 盐池县地理位置

盐池县位于宁夏回族自治区东部，地处陕、甘、宁、蒙四省区交界带，东邻陕西省定边县，南与甘肃省环县接壤，北邻内蒙古自治区鄂托克前旗，地理坐标为北纬 37°04′~38°10′，东经 106°30′~107°41′，全县南北长约 110km，东西宽约66km，总面积 8661km^2。全县共有 4 乡 4 镇 101 个行政村，人口 16 万余人。盐池县北与毛乌素沙地相连，南靠黄土高原，在地理位置上是一个典型的过渡地带，自南向北在地形上是从黄土高原向鄂尔多斯台地（沙地）过渡，在气候上是从半干旱区向干旱区过渡，在植被类型上是从干旱草原向荒漠草原过渡，在资源利用上是从农区向牧区过渡。这种地理上的过渡性造成了盐池县自然条件资源的多样性和脆弱性特点。

2. 盐池县降水量分析

按中国气候分区来看，盐池县位于贺兰山—六盘山以东，属于中温带大陆性气候，这种气候特点是四季少雨多风、干旱、蒸发强烈、日照充足。根据盐池县

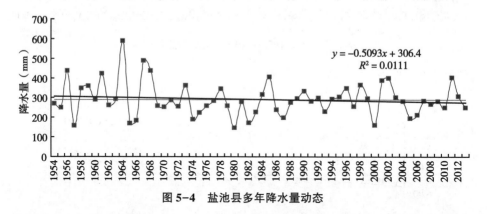

$$y = -0.5093x + 306.4$$
$$R^2 = 0.0111$$

图 5-4 盐池县多年降水量动态

降水量资料分析（图 5-4、表 5-6）：1954—2013 年 60 年平均降水量为290.87mm，且分布不均，一般来说，南部比北部降水量略大。多年平均蒸发量为 2008.72mm 左右，是降水量的 6.91 倍。年际间降水量变率大，降水量最大年约为最小年的 4 倍，年平均降水量变异系数为 0.2900，平均数的 95% 置信区间269.0758~312.6608，99% 置信区间 261.8796~319.8571。全年降水保证率，>140mm 降水保证率为 100%；>200mm 降水保证率为 86.67%；>300mm 降水保证率为 28.33%；>400mm 降水保证率为 11.67%。60 年降水高峰年份出现 18 次，

平均 3.3 年出现一次降水高峰，同时干旱年份也呈现周期性变化规律，平均 3.3 年出现一次大旱。

（1）自然降雨季节性变化规律。在降水时间的分配上，大部分降水集中在 5—9 月，其中第三季度的降水量能占到全年降水量的 60% 以上，春耕播种季节反而降水量极少，这也成为制约该县农作物生产能力的主要限制性气候因子之一。

表 5-6　盐池县多年平均年降水量变率

月份	1	2	3	4	5	6
平均降水量（mm）	2.2687	3.0727	8.7515	13.3139	30.6697	39.9394
标准差	2.6555	3.2967	11.2649	13.0010	24.5186	24.8980
降水变率（%）	1.1705	1.0729	1.2872	0.9765	0.7994	0.6394
月份	7	8	9	10	11	12
平均降水量（mm）	62.5455	63.8970	41.0485	16.2918	5.5758	1.2152
标准差	38.8163	40.7290	28.7010	12.6305	10.0635	1.9223
降水变率（%）	0.5886	0.6370	0.6992	0.7753	1.8049	1.5819

注：降水变率 $Cr = S/\bar{x} \times 100\%$。式中 S 为平均标准差，$\bar{x}$ 为历年平均值。

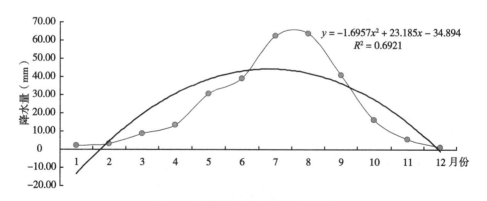

图 5-5　盐池县多年逐月平均降水量

由盐池县多年降水量平均值分析（图 5-5），年均降水量主要集中在 5—9 月占全年降水量的 82.47%，而农作物适宜生长季 4—9 月间平均降水量为年均总量的 87.09%。其中 4—5 月降水量仅占生长季的 15.29%，8 月份为最高达 63.8970mm，不同月份降水量变异系数 1 月、2 月、3 月、11 月、12 月份变异系数都超过 100% 以上，尤其是 4—5 月份旱情频发且持续时间较长，十分不利于春季作物适期播种保苗和苗期生长。

（2）多年气温变化规律。通过盐池县平均气温变化图 5-6 可以看出，1987年以前平均气温在 8.1℃ 以下波动，之后呈逐年上升趋势，增温特征明显。

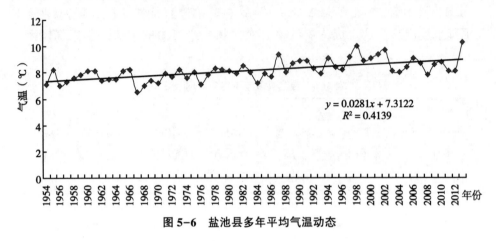

图 5-6　盐池县多年平均气温动态

通过盐池县极端气温变化图 5-7 可以看出，多年极端高温平均值为35.18℃，多年极端低温平均值为-24.21℃，极端高温、低温呈逐年上升趋势，增温特征明显。由图 5-7 可以看出，极端高温与极端低温波动基本趋势一致。

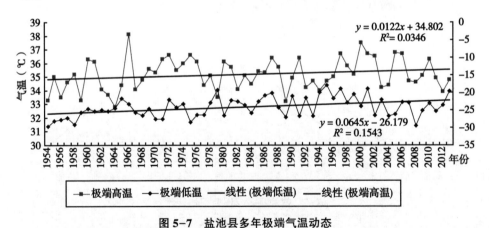

图 5-7　盐池县多年极端气温动态

平均气温与极端高温、极端低温函数关系：

$$Y_{(平均气温)} = 1.55288 + 0.2767x_{(极端高温)} + 0.1105x_{(极端低温)}$$

（3）盐池县多年大风日数分析。盐池县多年大风日数平均数 16.8 ± 13.03天，变异系数 0.7744，大风日数呈减少趋势，从图 5-8 中可以看出从 1971 年以后，每年大风日数基本在 16.8 天以下。

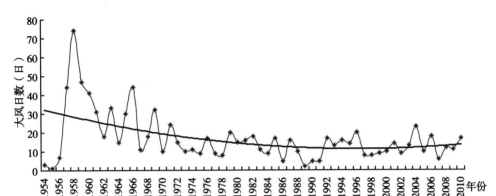

图 5-8 盐池县多年大风日数

从相关系数来看（表 5-7），大风日数与蒸发量之间呈显著相关（$P=0.0006$）。通过逐步回归，只有降水量、蒸发量、平均气温与大风日数有回归关系，回归方程：

$$Y=1.2926+0.0083x_1+0.0157x_2-2.2652x_3$$

表 5-7 相关系数（右上角为显著水平）

	降水量	蒸发量	平均气温	极端高温	极端最低	大风日数
降水量	—	0.0689	0.2792	0.0080 **	0.7447	0.8116
蒸发量	-0.2448	—	0.1278	0.2136	0.7361	0.0006 **
平均气温	-0.1471	-0.2060	—	0.0025 **	0.0001 **	0.0993
极端高温	-0.3510	0.1688	0.3958	—	0.3767	0.7976
极端最低	-0.0445	-0.0461	0.4855	0.1204	—	0.3612
大风日数	-0.0326	0.4433	-0.2225	0.0351	-0.1243	—

从相关系数来看平均气温（2.2652）＞蒸发量（0.0157）＞降水量（0.0083），盐池县大风日数受平均气温影像较大。多年蒸发量、降水量与多年大风日数呈正相关，蒸发量、降水量增加，大风日数就会增加；平均气温与大风日数呈负相关，平均气温升高 1℃，大风日数减少 2.2652 天（表 5-8）。

表5-8　方差分析

变异来源	平方和	自由度	均方	F值	p值
回归	2063.9286	3	687.9762	4.8070	0.0050
残差	7442.2857	52	143.1209	—	—
总变异	9506.2143	55	—	—	—

——逐月大风日数分析

表5-9　逐月大风日数相关因子统计

月份	蒸发量（mm）	气温（℃）	降水量（mm）	大风日数（天）
1月	49.87	-8.0	2.0	3.0
2月	65.61	-3.1	3.0	1.6
3月	140.24	2.9	8.0	2.3
4月	233.60	10.5	15.0	3.5
5月	313.71	16.7	27.0	2.5
6月	346.53	21.2	34.0	1.9
7月	302.50	23.0	60.0	0.8
8月	245.13	21.0	74.0	0.5
9月	170.89	15.7	41.0	0.4
10月	131.40	8.8	18.0	0.5
11月	77.88	0.7	6.0	1.7
12月	50.25	-5.4	1.0	2.7

逐步线性回归每月蒸发量、平均气温、降水量与每月大风日数有回归关系（表5-9，5-10），得到回归方程：

$$y = 0.27225 + 0.0194x_1 - 0.2210x_2 - 0.0005x_3$$

表5-10　方差分析

方差来源	平方和	自由度	均方	F值	p值
回归	10.2784	3	3.4261	13.7163	0.0016
剩余	1.9983	8	0.2498	—	—
总的	12.2767	11	1.1161	—	—

从相关系数来看平均气温（0.2210）＞蒸发量（0.0194）＞降水量

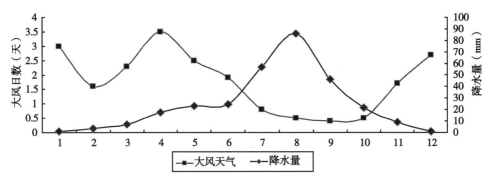

图 5-9 盐池县大风与降水量逐月动态

（0.0005），从相关系数来看，逐月大风日数与多年大风日数影响因子排序一致。逐月蒸发量与逐月大风日数呈正相关，蒸发量增加 1mm，大风日数增加 0.0194 天；逐月气温、降水量与逐月大风日数呈负相关，气温每增加 1℃，大风日数减少 0.2210 天。降水量每增加 1mm，大风日数减少 0.0005 天（图 5-9）。逐月大风日数，主要出现在 1 月、4 月、12 月。此时降水量比较低。

（4）盐池县风沙活动调查。风是形成沙尘暴的动力条件，统计盐池局地沙尘暴出现时最大风速可以看到（表 5-11），最大风速集中在 5.1~15.0m/s，最大风速的最大值 3 月为 14.4m/s、4 月为 14.7m/s、5 月为 14.1m/s，最大风速的最小值 3 月为 7.0m/s、4 月为 6.7m/s、5 月为 4.7m/s，局地沙尘暴最大风速没有一次达到大风的标准（17.2m/s），就是持续时间在 9h 以上的两次局地沙尘暴最大风速也只有 11.0m/s 和 13.0m/s。春季各月最大风速的最大值比较接近，只相差 0.3~0.6m/s；而最大风速的最小值却相差 0.3~2.3m/s，3 月最大风速的最小值明显比 5 月偏大。这是因为 3 月份多数时间土壤还冻结，地表沙粒不容易移动，需要较大的风速才能被吹起；而 5 月土壤解冻、地表裸露，加之降水稀少、地表干燥疏松，气温回升增强了地气相互作用，提高了沙尘的输送能力，只需较小的风速就能将沙尘卷上天空。这说明在春季，盐池的特殊地貌大大增加了发生局地沙尘暴的概率。

表 5-11 盐池县春季各月局地沙尘暴出现时最大风速次数　　　单位：m/s

最大风速	0~5.0	5.1~10.0	10.1~15.0	15.1~20.0
3 月	0	25	30	0
4 月	0	39	29	0
5 月	1	28	30	0

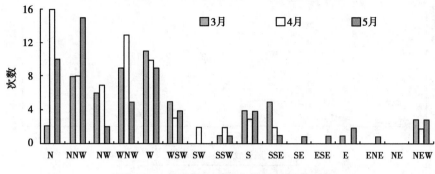

图 5-10　盐池县春季沙尘暴风向频率分布

　　从盐池春季各月局地沙尘暴不同风向频率分布图（图 5-10）可以看到，各月局地沙尘暴风向频率分布有一定的规律性：风向频率集中出现在 N-W 方向范围；但各月也存在着明显的差异：3 月局地沙尘暴风向频率集中出现在 WNW-W 方向上，SW、SE-ESE、ENE-NE 方向未出现，4 月集中出现在 N、WNW-W 方向上，SE-NE 方向未出现，5 月集中出现在 N-NNW 方向上，SW、NE 方向未出现，其中 NE 方向在整个春季均未发生局地沙尘暴。从时间变化上看，3—5 月局地沙尘暴主要风向有从西向北偏转的趋势。

三、沙坡头气象变化规律

1. 中卫基本气候现状

　　中卫市城区属干旱、半干旱气候，具有典型的大陆性季风气候和沙漠气候特点，日照充足，昼夜温差大，年积温 3720℃，平均气温在 7.3~9.5℃，年平均相对湿度 57%，全年日照时数 2845.9 小时，太阳年辐射气温 141.90 千卡/cm² 日照率 64%。无霜期 158~169 天，年均降水量 188.4mm，降水量主要集中在 6—8 月，占全年降水量的 60%。年蒸发量 1930~2172mm，其中北部沙漠地区年蒸发量达 3206.5mm。

2. 中卫县降水量分析

　　在降水时间的分配上，降水集中在 5—9 月，其中第三季度的降水量能占到全年降水量的 60% 以上（图 5-11），春耕播种季节反而降水量极少，这也成为制约该县农作物生产能力的主要限制性气候因子之一。多年平均降水量在 185.92mm，多年降水量呈现波动状（图 5-12）。

　　（1）气温季节性变化规律

　　通过中卫县平均气温变化图 5-13 可以看出，中卫多年平均气温为 8.88℃，

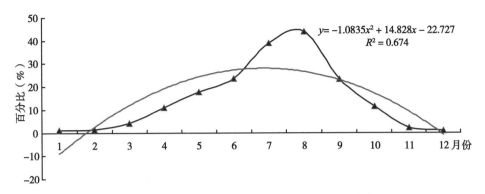

$$y = -1.0835x^2 + 14.828x - 22.727$$
$$R^2 = 0.674$$

图 5-11 中卫多年月降水量占全年降水量比例动态

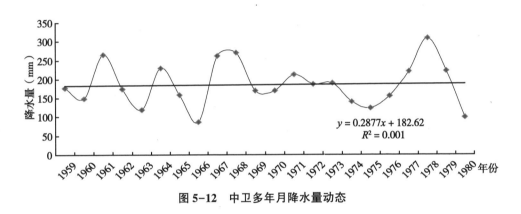

$$y = 0.2877x + 182.62$$
$$R^2 = 0.001$$

图 5-12 中卫多年月降水量动态

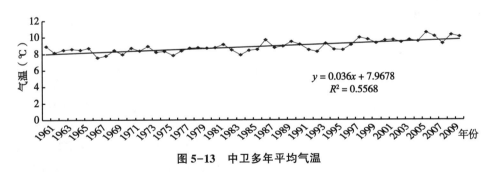

$$y = 0.036x + 7.9678$$
$$R^2 = 0.5568$$

图 5-13 中卫多年平均气温

平均气温呈逐年上升趋势, 平均升温速度为 0.36℃/10 年。

（2）中卫多年大风日数分析。

——多年大风日数统计

中卫多年大风日数平均数（16.8±3.7658）天（图 5-14），变异系数

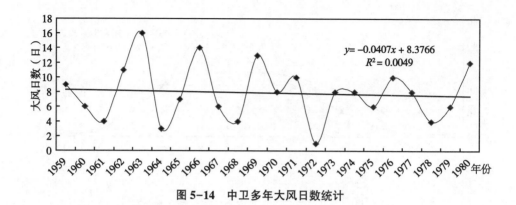

图5-14 中卫多年大风日数统计

0.8044，大风日数呈减少趋势。

——逐月大风日数分析

逐步线性回归每月蒸发量、平均气温、降水量与每月大风日数有回归关系（表5-12），得到回归方程（表5-13，5-14）：

$$Y_{(大风)} = -0.6466 + 0.0136x_1 - 0.0731x_2 - 0.0083x_3$$

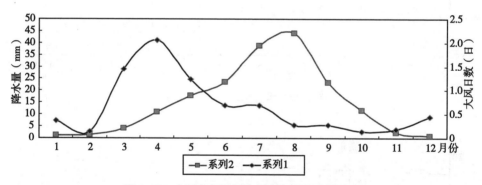

图5-15 中卫多年逐月大风天气和降水量动态

从相关系数来看平均气温（0.0731）＞蒸发量（0.0136）＞降水量（0.0083），从相关系数来看，逐月大风日数与多年大风日数影响因子排序一致。逐月蒸发量与逐月大风日数呈正相关，蒸发量增加1mm，大风日数增加0.036天；逐月气温、降水量与逐月大风日数呈负相关，气温每增加1℃，大风日数减少0.0731天。降水量每增加1mm，大风日数减少0.0083天。逐月大风日数，主要出现在3—5月。此时降水量比较低（图5-15）。

表 5-12　中卫月大风日数相关因子统计

月份	蒸发量（mm）	气温（℃）	降水量（mm）	大风日数（天）	沙尘暴（天）
1 月	42.1	-7.5	1.1	0.36	1.00
2 月	68.7	-3.4	1.4	0.14	1.00
3 月	146.7	3.5	4.1	1.45	1.59
4 月	245.6	11.3	11.0	2.05	2.00
5 月	262.8	16.6	17.8	1.23	1.55
6 月	238.4	20.4	23.5	0.68	1.50
7 月	238.6	22.5	38.8	0.68	1.18
8 月	205.7	20.8	44.0	0.27	0.36
9 月	147.3	15.7	23.2	0.27	0.09
10 月	122.4	9.1	11.6	0.14	0.09
11 月	70.2	1.5	2.2	0.18	0.18
12 月	41.2	-5.2	0.9	0.45	0.36

表 5-13　相关系数（右上角为显著水平）

	x1	x2	x3	y
x1	—	0.0001	0.0109	0.0477
x2	0.8918	—	0.0001	0.5344
x3	0.7022	0.8968	—	0.8938
y	0.5808	0.1994	-0.0432	—

表 5-14　方差分析

方差来源	平方和	自由度	均方	F 值	p 值
回归	3.4317	3	1.1439	13.8725	0.0016
剩余	0.6597	8	0.0825	—	—
总的	4.0914	11	0.3719	—	—

（3）沙坡头风沙变化。从沙坡头站起沙风等级频率季节变化（表5-15）表明：春夏两季起沙风频率相对较高，占全年起沙风总量的68%，尤以春季为主；秋冬两季起沙风频率相对较低。另外，从起沙风等级分布来看，主要集中在5.0~7.0m/s（占全年起沙风次数的71.6%），特别是5.0~6.0m/s起沙风次数占全年总量的一半左右。

受大气环流形势的影响，沙坡头风况具有明显的方向性和季节性变化，冬季盛行西北风，夏季短时期盛行东北风。沙坡头站全年起沙风玫瑰分析，认为沙坡头起沙风的风向频率可分为 3 组主风向，即多年平均的主风向为 W—NNW，次主风向为 NE—E，再者为 WSW—S。三组起沙风频率分别为 47.24%、25.77% 和 16.32%。另外，ENE 向起沙风频次也较高，比重占 18% 左右，尤以夏秋两季突出，从 5 月份开始，ENE 向起沙风频率开始增高，一直持续到 10 月份。从 10 月份开始到次年 4 月份，西北风势力较强。年平均风速为 2.4m/s，最大风速为 19m/s。大于起沙风的频率占 13.3%，表明沙坡头全年约有 86.7% 的风（包括静风C＝18%）不可能对风沙活动产生直接影响。这种稳定的风向格局，塑造了特定的地貌形态——格状沙丘的发育。西北风主要影响沙丘副梁的形成，东北风为其主梁的发育提供了动力条件。从起沙风向总体变化情况来看，主风向以西北风为主。这一点由格状沙丘主梁和副梁的年均移动速度也可以反映出起沙风向的强弱变化，根据凌裕泉在沙坡头对格状沙丘主、副梁多年的观测资料，主梁年均移动速度为 0.57m/y，副梁移动速度为 1.78m/y。

表 5-15　沙坡头起沙风等级频率季节变化（1983—2000 年平均）（%）

风速＼季节	冬季（12~2 月）	春季（3~5 月）	夏季（6~8 月）	秋季（9~11 月）
5.1~6.0	57.78	42.68	46.850	53.190
6.1~7.0	21.68	23.53	24.050	23.000
7.1~8.0	11.76	15.48	14.620	12.140
8.1~9.0	5.063	8.360	7.401	5.801
9.1~10.0	2.453	5.206	4.057	3.722
10.1~11.0	0.850	2.268	1.675	1.221
11.1~12.0	0.261	1.202	0.755	0.486
12.1~13.0	0	0.626	0.325	0.215
13.1~14.0	0	0.318	0.158	0.110
14.1~15.0	0	0.170	0.066	0.051
15.1~16.0	0	0.061	0.034	0.034
Σ	1105	2653	2288	1315

（4）中卫风蚀气候侵蚀力变化特征。气候条件对风蚀的作用和影响不仅仅表现在风力的作用上，而是风速、降水量和温度等因子综合作用的结果。在以上对气温、降水量和风速在年内和年际的变化规律分析的基础上，分析三者之间的综合风蚀效应。可以看出年内最高风速发生在月降水量和温度较低的春季3—5

月，地表裸露，很容易发生土壤风蚀，而最低风速发生在降水量最多的 8 月、9 月份，此时，地表处在作物覆盖之下，土壤很难发生风蚀。因此，中卫沙坡头风蚀，在气温、降水量、风速综合作用下，主要发生在冬春季节。

气候条件对风蚀的作用与影响不仅仅表现在风力的作用上，而是风速、降水和温度等因子综合作用的结果。Chepil 等认为正是这些气候条件决定着年土壤风蚀水平，提出了体现气候条件对风蚀综合作用程度的风蚀气候侵蚀力问题，并提出用一个能代表和反映风蚀气候侵蚀力的风蚀气候因子指数去估算一系列气候条件下的土壤风蚀量，即风蚀气候因子指数 C，开创了风蚀气候侵蚀力或风蚀气候因子研究之先河。1979 年，联合国粮农组织（FAO）对干旱条件下风蚀气候因子可能成为一个很大值的问题以不同的方式予以处理，对风蚀气候因子的计算公式定义为：

$$C = \frac{1}{100} \sum_{i=1}^{12} u^3 \left(\frac{ETP_i - P_i}{ETP_i} \right) d$$

$$ETP_i = 0.19(20 + T_i)^2(1 - r_i)$$

式中，u 为 2m 高处风速月平均风速（m/s）；P_i 为月降水量（mm）；d 为月天数，ETP_i 为潜在蒸发量（mm）。T_i 为月平均气温；r_i 为月相对湿度（%）。

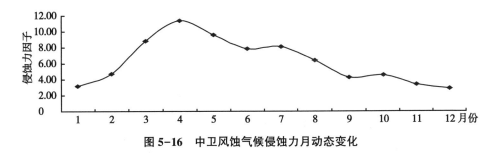

图 5-16　中卫风蚀气候侵蚀力月动态变化

中卫气候决定了不同月份风蚀气候侵蚀力因子的差异（图 5-16）。从 1 月份开始风蚀侵蚀力因子逐渐上升，到 4 月份达到极大值为 11.37，然后开始下降，7 月份略高于 6 月份，10 月份略高于 9 月份，12 月份最低因子值为 2.85。

1999—2008 年 10 年（图 5-17），平均气候侵蚀力因子为 75.10，年平均气候侵蚀力呈现逐年下降趋势，数学表达式为 $y = -5.6456x + 106.15$（$R^2 = 0.7523$），年下降指数为 5.6456。平均气候侵蚀力因子从 1999—2001 年逐年下降，2001 年后又开始逐年轻度上升，到 2004 年达到高峰后又开始逐年下降。最大值出现在 1999 年为 105.64，最低值为 2008 年为 42.15，极差 63.49，高于平均值的有 6 年，低于平均值的有 4 年。

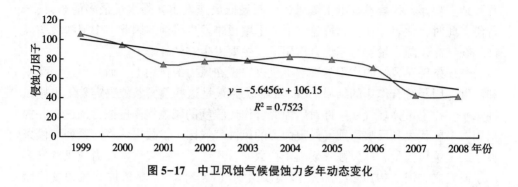

$$y = -5.6456x + 106.15$$
$$R^2 = 0.7523$$

图 5-17　中卫风蚀气候侵蚀力多年动态变化

四、宁夏风成沙的性质

根据彼得洛夫（1950，1973）等人的研究，中亚沙漠风成沙基本上是由 0.25~0.1mm 的细沙组成，粉粒和黏粒含量极少，总含量不超过 1.5%~2.0%。我国内陆沙漠，根据不同地方风成沙的分析，颗粒组成如表 5-16。

表 5-16　我国土粒分级标准

粒径名称		粒径/mm
石　块		>3
石　砾		3~1
沙　粒	粗沙粒	1~0.25
	细沙粒	0.25~0.05
	粗粉粒	0.05~0.01
粉　粒	中粉粒	0.01~0.005
	细粉粒	0.005~0.002
黏　粒	粗黏粒	0.002~0.001
	细黏粒	<0.001

风成沙的粒度成分主要由细沙组成，粗沙和粉沙含量都很少，粒级比较集中，分选较好。但各个沙漠的风成沙，因沙源物质不同，在粒度成分上也还是有差别的。宁夏主要沙漠、沙地风成沙粒度成分见表 5-17。

表 5-17　宁夏主要沙漠沙地沙的粒度成分统计　　　　　　　　　%

粒级含量 沙漠、沙地	极粗沙	粗沙	中沙	细沙	极细沙	粉沙	平均 粒径	分选 系数	沙洋 数目
腾格里沙漠	0.01	1.60	6.61	86.88	4.90	—	0.165	1.33	33
河东沙区	—	0.13	17.99	75.05	6.16	0.67	0.180	1.20	44
毛乌素沙地	—	3.20	41.20	47.30	8.30	—	0.234	1.27	15

1. 试验沙粒试验分析

（1）野外直接人工采集沙粒粒径分析结果。在盐池沙泉湾平缓沙地沙丘上，采集沙丘表面 5cm 的沙土样，采用机械筛选法，对流动沙丘表层的沙粒进行了分级，根据每种级别的沙粒占该样品总重的百分率进行折算后，得图 5-18。对比可知，流动沙地粒径主要以 0.098mm 左右为主。

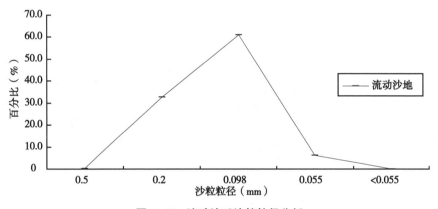

图 5-18　流动沙丘沙粒粒径分析

（2）风蚀过程集沙仪收集沙粒粒径分析结果。采用集沙仪测定法，观测时，沙尘暴开始前，将集沙仪放置到野外待测区域后，待风蚀过程结束，收回整个集沙仪，对每个集沙袋进行逐一取样分析。将各集沙仪不同监测高度收集截获到的沙粒用感量 0.001g 的天平称重，获得各处理高度的输沙量。将样本带回室内分析沙尘粒径和集沙量。

对集沙仪测得的不同景观地貌地表以上 0~60cm 高处沙粒粒径筛选分级表明（图 5-19）：流动沙地沙粒粒径也均以 0.098mm 左右为主。参照"我国土粒分级标准"（表 5-16，中国土壤，1990），可以看出，流动沙地以沙粒中的细沙粒组成（0.25~0.05mm）为主。

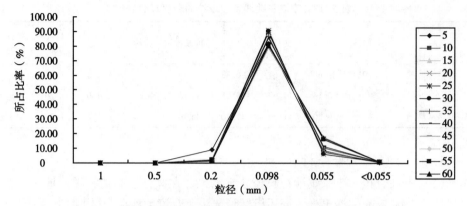

图5-19　风蚀过程对不同监测高度流动沙丘沙粒粒径组成的影响

（3）风蚀过程集沙仪收集沙粒粒径显微镜分析结果。将沙尘暴过后收集回来的沙粒样本，随机抽取5g，利用可拍照的光学显微镜，从镜头中出现的最大颗粒，每次每镜头选择5个，每观测样累计选择10个，对比分析了流动沙地沙粒显微特征（图5-20）。

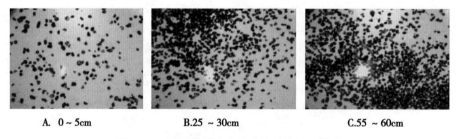

A. 0～5cm　　　　　B.25～30cm　　　　　C.55～60cm

图5-20　不同监测高度流动沙地沙粒显微照

2. 沙地土壤特征曲线研究

土壤水分特征曲线（water retention characteristics）是土壤含水量和土壤吸力之间的关系曲线。是获取其他土壤水动力学参数及土壤水分常数的基础，对研究土壤水分的有效性、土壤水分运动溶质运移等有着重要作用。水分特征曲线反应了土壤持水能力的强弱，也可以进行当量孔径分布和容水度的计算。由于土壤水分特征曲线影响因素较多、关系复杂，目前还不能从理论上推求出土壤基质势与含水量的关系。因此常采用实验方法测出数据后再拟合成经验模型。目前，测定土壤水分特征曲线的方法主要有沙箱法、张力计法、离心机法、压力膜仪法、砂芯漏斗法、平衡水汽压法等。压力膜仪法操作简单，精度高，国际上一般都承认这种设备所测定获得的数据。为了了解研究区沙地土壤特征曲线，本研究采用

15bar 压力膜仪测定不同压力条件下的含水率，然后结合经验公式获得土壤水分特征曲线参数。

（1）研究方法。压力膜仪的原理是用高压气泵（或者高压氮气瓶）向一个密封的容器中充气加压，压力范围可调，从 0~15bar，土壤样品置于其中，下垫滤纸，放在压力板上逐次加压，平衡后称出环刀加湿土的质量，最后放入烘箱在 105℃下烘干，得出干土重量，以此类推，可以得到土壤特征曲线。本研究主要研究扰动土壤样品的特征曲线，首先使用圆孔筛去掉较大的石块，使直径小于 2mm 的土壤混合后，放于高度为 1cm 的环刀内；其次将待测样品放在陶土板上，并在陶土板上小心加水，使样品吸水 16h 以上，待测土壤样品达到充分饱和后，用吸管吸掉陶土板上多余的水分，将压力室组装好，然后调节压力调节阀，逐渐加到所需压力，平衡时间 24h，在出水管口放置一个小量筒，若量筒内水位长时间不变，则可认为达到平衡；最后在土壤样品平衡 24h 后，打开压力室立即称量土壤样品质量，并将最终样品放到烘箱内，在 105℃下烘干，计算各个压力下土壤含水量。

（2）结果分析。测定结果如图 5-21。用土壤水势来描述土壤水分的主要优点是土壤水势反映了土壤水分的能量状态，而不是简单的数量关系。以宁夏中部干旱带沙土和宁南黄土丘陵区黄绵土为实验对象，测定两类土壤在 0.3bar、0.7bar、1bar、3bar、5bar、8bar 压力下持水性能。

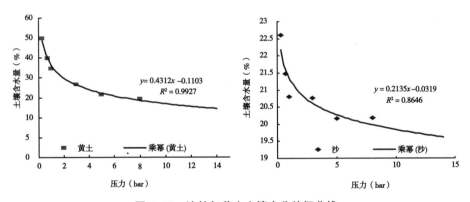

图 5-21　沙粒与黄土土壤水分特征曲线

土壤在低吸力段（<2bar）范围内，土壤所能保持和释放出的水量取决于土壤中大孔隙的数量，主要是土壤毛管力起作用。土壤田间饱和含水量，即土壤在 0 压力状态下的最大持水量，沙地、黄土田间饱和含水量分别为 27.73%、51.22%；在低吸力段，由于沙地的非毛管孔隙度（>1mm）较黄土大，而毛管孔隙度（<1mm）较黄土低，在压力小于 2bar 条件下，沙地土壤持水量仍然小于黄

土。在高吸力段（>2bar）土壤质地对水分特征曲线的影响较大，此时土壤吸力段主要取决于土壤质地，即土壤颗粒表面起吸附作用。当压力>2bar 时，沙地土壤持水能力仍然比黄土差，主要原因为沙地大颗粒含量高于黄土，而小颗粒数量远小于黄土，造成相同体积下，沙土土壤颗粒表面积远远低于黄土。由此可见，无论是低吸力还是高吸力下，由于沙土、黄土的孔隙度和土壤颗粒表面积的差异，导致沙地持水性能低于黄土。

第六章 宁夏土地沙化成因及驱动因素分析

现状表明宁夏沙化土地主要集中分布在中北部地区，尤其是陶乐、同心、灵武、盐池、中卫等县。据历史记载，贺兰山麓草原丰茂。现在沙化严重的盐池县，在公元 5 世纪初期也是"草滩广大，河水澄清"，当时该县北部尚无沙漠。后来由于历代统治者实行戌边屯垦，特别是明代王朝大修边墙，大力开发草原，从而加速了土地沙化的发展。

沙漠的形成、发展与变化不是由单一因素造成的，而且沙漠的形成因素也不是一成不变的，沙漠的形成是各种因素综合作用的结果。沙漠的形成因素是复杂多样的，归纳起来包括自然与社会两方面的因素。自然因素主要由地质地貌因素、气候因素、地球运动因素等作用；社会因素主要是人类破坏性活动导致脆弱的生态系统严重失衡。其中，自然因素是基本的、主要的，社会因素是从属的、次要的，只起促进或延缓作用。土地沙漠化的成因虽然以人为经济活动作为诱导的因素，但也有潜在的自然因素作为其发生的基础，只有这两者的结合才能造成沙漠化的发生与发展。近几十年来沙漠化的加速发展主要是由于人类过度经济活动造成的这一结论已得到学术界广泛认可。

一、宁夏土地沙化原因

土地沙化的发生和发展，是自然和人为两大因素共同作用的结果，自然因素为沙化发生的环境背景，人为因素是叠加于环境背景之上的诱发因素，二者的共同作用导致土地沙化的产生（图 6-1）。

（一）影响土地沙化发生、发展的自然因素

1. 气候原因

影响风力侵蚀的因素基本可分为直接因素和间接因素两类。起沙风活动强度和持续时间是风力侵蚀的直接动力，干旱是产生风力侵蚀的基本条件，当风速达到起沙风速时，风力才对土壤产生侵蚀作用。如表 6-1 所示，宁夏中北部地区多年平均风速 2.4 ~ 29m/s，最大风速达 20 ~ 34m/s，多年平均起沙风（风

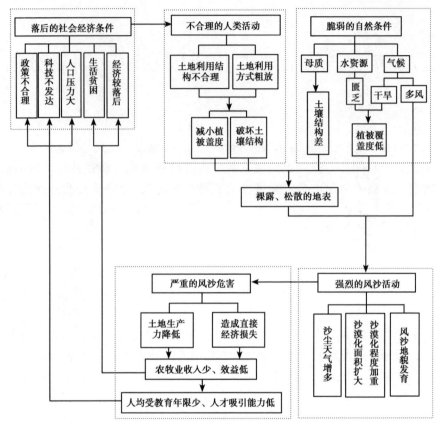

图 6-1　沙漠化系统组成及沙漠化过程（包慧娟，2004）

速≥5m/s）次数达 116~229 次。气象学上还规定平均风速≥10.6m/s（6 级）或瞬间风速≥17.2m/s（8 级）为大风。宁夏大风以春季为最多，占 40.7%，宁夏年平均大风日数为 30d 左右，最多年份可达 50d 以上。大风往往伴有沙尘暴。起沙风活动强度越大、土壤风力侵蚀就越严重。

表 6-1　宁夏主要沙区历年风速

地名	平均风速（m/s）	最大风速（m/s）	≥5m/s 风速年平均出现次数
盐池县	2.8	24.0	215.5
灵武市	2.6	20.7	116.3
中卫市	2.4	34.0	180.6
石嘴山	2.9	28.0	229.8

　　宁夏沙尘暴的分布以盐池为最多（表6-2），平均每年20d左右，宁夏平原，6~15天，宁夏周边多沙漠，境内地表植被覆盖率低，利于地面沙尘的吹起，沙暴是常见的天气现象。尤其是春季，西起兴仁，经同心、韦州到盐池一线以北，形成一条多风沙地带。风活动强度相对较小的银川市年均起沙风日数为35.2天，灵盐台地年均风沙日数为40d左右，年均沙暴日数为22d左右。1982—1999年，宁夏中部干旱带共发生区域性沙尘暴27次，其中严重沙尘暴天气5次。1993年5月5日的特大沙尘暴，造成该区1995万亩耕地和草原受害，经济损失达2.7亿元。2000年共发生沙尘暴12次，2001年发生18次，沙尘暴发生的频率呈逐渐增加的趋势。

表6-2　宁夏主要沙区沙尘暴和大风日数

年份	沙尘暴日数（d）			大风日数（d）			降水量（mm）		
	灵武	盐池	中卫	灵武	盐池	中卫	灵武	盐池	中卫
1959	26	23	22	2	47	9	212.5	357.8	176.5
1960	30	24	1	7	41	6	216.1	289.6	148.8
1961	13	16	31	3	31	4	283.7	420.8	265.3
1962	14	11	11	30	18	11	160.5	261.9	174.5
1963	22	27	13	80	33	16	183.6	293.9	119.4
1964	2	6	9	45	15	3	352.4	586.8	229.8
1965	3	9	8	21	30	7	121.8	169.7	158.3
1966	7	19	24	22	44	14	103.3	184.6	86.5
1967	5	12	11	12	11	6	321.0	487.5	261.7
1968	3	1	13	15	18	4	261.2	436.9	270.1
1969	7	13	11	26	32	13	134.3	259.1	170.4
1970	3	8	7	11	10	8	265.0	251.4	170.6
1971	5	24	11	7	24	10	162.2	286.7	212.1
1972	8	23	12	7	15	1	165.2	256.0	187.4
1973	9	18	14	4	10	8	256.5	302.7	189.7
1974	9	23	5	4	11	8	157.8	190.1	139.6
1975	6	18	10	4	9	6	160.6	222.7	123.2
1976	6	50	10	10	17	10	256.9	257.4	155.9
1977	6	31	9	11	9	8	227.1	283.3	220.8
1978	3	12	0	7	8	4	288.1	344.9	308.2

（续表）

年份	沙尘暴日数（d）			大风日数（d）			降水量（mm）		
	灵武	盐池	中卫	灵武	盐池	中卫	灵武	盐池	中卫
1979	11	21	3	14	20	6	203.6	257.7	222.4
1980	4	21	5	10	15	12	114.8	145.3	99.2

干旱缺水是造成该区域环境恶化的根本的自然因素。只有在干旱地区，风力才对土壤产生主要的侵蚀作用，宁夏是旱灾多发地区，由于降水量的减少（表6-2），该区旱灾频繁发生，有十年九旱之说。在 1950—1980 年发生干旱年 21次，其中大旱 5 次，平均 6 年发生一次大旱。从 1470—1980 年的 510 年中，共发生 2 年连旱 27 次，3 年连旱 12 次，4 年连旱 1 次，5 年连旱 3 次，6 年连旱 4 次。盐池、灵武、陶乐、中卫及同心、海原等地，一般大于八级的大风日数每年在25 天以上。由于干旱造成土地生产能力低下，正常年份旱地亩产不足 100 斤，使得环境容量极其有限，生态系统抗逆性极差，对人为活动造成的影响极为敏感。除灌区和极少数地段外，绝大部分地区地表物质干燥，土壤含水率低，土壤颗粒松散，黏结力弱，最易受风力的吹扬。

2. 地表组成物质

沙源物质是风沙物质形成的基础，风沙物质是沙源物质经风力塑造的结果。宁夏土地沙化主要发生在灰钙土地带，土壤富含沙粒，土壤有机质含量较低，粒径大于 0.05mm 沙粒的含量在 60% 以上，最高可达 77% 左右，疏松干燥的耕地及植被稀疏的草地一经大风吹蚀，就为土地沙化提供了丰富的沙源。地表物质是风力侵蚀的对象，各类地表物质的抗风蚀能力差异较大，各地段由于地表物质不同，其风力侵蚀强度也不同，沙质和沙砾质抗风蚀能力弱，风力侵蚀强度也就大。宁中丘陵钙土区在宁夏土壤分区图中处于三级。本区风蚀区土壤主要为轻壤质和沙壤质、土壤中细砂、粉砂、中砂含量丰富。因而土壤的黏结力弱，造成风力侵蚀分布范围广而强度大的侵蚀现状。从对地表物质的粒度与矿物分析，也可证明风成沙物质主要来源于同一地区的下伏沉积物，即就地起沙所形成。也是宁夏沙漠化比较严重的区域范围（附图5）。

3. 地形地貌

地貌条件对土地沙化发生发展的影响，主要表现在：地形部位决定地表物质的分配；地形条件影响局地风力的大小和方向，影响蚀积对比；地貌部位决定土地利用方式；地貌条件影响地下水分布和埋藏深度，在沙物质丰富的地方，较好的地下水条件成为土地沙化发生发展有效的限制性因素之一（附图6）。局部地段的地形地貌对风力侵蚀的影响并不像对水力侵蚀的影响那样，会在侵蚀强度上引起较大差异。地形起伏对风力侵蚀的影响，主要是对较大范围风力活动的影响。起伏大的山体能对风力起屏障作用，能分散风力或形成风口；平坦的地形有利于风力大范围活动。风蚀区地貌主要是比较平坦的缓坡丘陵、戈壁。因而较大范围内风蚀强度大。

地形起伏对风力侵蚀影响较大。起伏大的山体能对风力起屏障作用，能分散风力或形成风口；平坦的地形有利于风力大范围活动。宁夏沙漠化地区地貌主要是比较平坦的缓坡丘陵、戈壁，因而遭受风力侵蚀强度大。另外，由于基本为南北走向的贺兰山以西地形空间形成的风道，致使清水河下游河谷地段风蚀强度高于两侧山地，风积沙一直延伸到同心县南部的王团庄以南，还有风力侵蚀区的沟谷，往往是滞沙的良港，而后又被山洪输送到河流中，这一点在清水河下游长山头两侧的山谷非常明显。宁夏风沙通路主要有3条：北自乌兰布和沙漠沿银川平原向南吹来；西自腾格里沙漠经贺兰山西侧，靠西北风向东南搬运，扩散到宁夏中部中卫、中宁、吴忠、同心等县市；自鄂尔多斯台地毛乌素沙漠借西北风向东南扩散，同时借东南风携带经盐池、灵武、陶乐向银川平原扩散。由于这3条通路的影响，使宁夏中北部风沙活动强烈。

4. 植被覆盖率

植被覆盖度是影响风力侵蚀和土地沙化的重要因素（附图7），植被覆盖度与风蚀强度呈明显的负相关。宁夏中、北部天然草场的植被覆盖度很低，荒漠草原为20%～50%，草原化荒漠为10%～30%，易发生土地沙化。耕地的植被覆盖度由于季节和耕作的影响很不稳定，尤其在大风季节多数作物处在幼苗期或出苗期的几乎等于零。因此盐池、同心一带的旱耕地易发生土地沙化。土地沙漠化区植被多数为旱生多年生草本、矮小灌木，植被生长直接受气候影响，植被覆盖度与年际降雨周期呈正相关。耕地的植被覆盖度由于季节和耕作的影响很不稳定，尤其在冬春季大风季节植被覆盖度几乎等于零，造成春季风沙多，秋季风沙小的现象，此现象均与大地植被覆盖度相一致。

（二）影响土地沙化的人为因素

1. 人口增加导致生态系统失调

风沙区人口增长十分迅速，以盐池、同心为例。人口密度已由1949年的4.4人/km^{2}增至2000年的37.45人/km^2。是联合国沙漠化会议确定的干旱、半干旱地区人口密度临界值7人/km^{2}的5.4倍。由于经济落后，人口素质低，人们为了生存和追求眼前利益，对所处脆弱生态环境有限的自然资源进行掠夺性开发利用。使本来就比较脆弱的生态系统受到极大的冲击和压力，使人口的生存空间越来越拥挤，导致生态环境退化和生态系统的失调。

2. 超载过牧导致植被退化

过度放牧，引起草场植被退化，主要表现在：草场植被沙生成份增多，优良饲用植物减少，草场产草量降低，植被覆盖度减少，抗风蚀能力降低。宁夏草场长期处于超载状态，1970—2000 年，养殖业的发展、牲畜头数的增加已导致该区 90%以上的草场退化，产草量大幅度下降（相当于 1960 年的 60%），以草地质量而论，6、7 级居多，分别占草地总面积的 37%和 40%。目前，超载量在草场理论载畜量的 1 倍以上，如畜牧业大县盐池县目前天然草场面积为 613 万亩，理论载畜量为 45 万个羊单位，实际载畜量在 100 万只以上。加上畜群点、饮水点布局的不合理和畜群管理的不合理，导致土地沙化的加重。因此不合理放牧所形成的土地沙化虽然是较缓慢的渐变过程，但却是形成土地沙化的一项重要人为因素。

3. 滥挖滥樵引起土地沙化

滥挖是指破坏性的采挖甘草、麻黄等药用植物及苦豆子（系绿肥兼药用植物）以盐池、同心及陶乐县最严重。如盐池县平均每年收甘草量不断扩大：20 世纪 50 年代为 28 万 kg，60 年代 61 万 kg，70 年代 137 万 kg，80 年代前期 277 万 kg。挖 1kg 甘草约要破坏草场 10 平方米，若年挖甘草 277 万 kg，要破坏草场 2770hm^2。1990 年以来，同心县平均每年挖甘草 92.3 万 kg，按每采挖 0.5kg 甘草破坏 0.007 亩草原面积计算，每年挖甘草破坏草原 866.7hm^2（1.3 万亩），到 1990 年底，仅挖甘草造成草原沙化面积达 1.73 万多 hm^2（26 万多亩）。挖过甘草的地方要恢复草场植被需要 5～8 年，有些地方来不及恢复植被就退化为沙丘地了，由于农村能源缺乏而滥樵沙蒿、柠条、白刺、猫头刺等植物的现象在盐池等地是严重的，这也是土地沙化加重的重要原因之一。

4. 滥垦导致土地沙化的发生

土地沙化的发生发展，与无防护设施盲目"毁草开荒、农牧两伤"有着密切的关系。以盐池为例，据（宁夏新志）记载，明成化十年（1474 年）始筑河东边墙时，为防御逐水草而生的游牧民族南侵，曾把"草茂之地筑之于内"自明中叶长城修筑以后，内外边墙间城堡林立，清水营、兴武营、安定堡等屯兵驻守，"数百里间荒地尽耕、孳牧遍野"。15 世纪中叶，明王朝还采取在冬春草枯时，将临近边墙三五百里范围内的"野草焚烧尽绝"。17 世纪中叶，清王朝由禁垦改为放垦。18 世纪中叶，清政府又以"借地养民、移民实边"等名义，继续开垦草原。这些都导致了土地沙化的迅速发展。

在降雨稍多的年份，农民在沙质草地上开垦种"闯"田，干旱年份又随时弃耕。与 1981 年相比,该区耕地面积增加 45.5%,其中旱耕地面积增加了 38%。以海原县红羊乡胡地沟自然村为例,该村 1981—2000 年,人口由 135 人增加到 204 人,增长 51%;耕地面积由 910 亩增加到 1400 亩,增长 54%;但人均耕地面积仅增长 1.78%,由于自然灾害及投入不足,单位面积粮食产量由 1981 年的 90kg/亩降低到 50kg/亩,迫于生计,人们只能靠外出打工养家糊口。而海原县北部的兴仁乡,2000 年统计在册耕地面积是 9 万亩,实际调查耕地面积是 18 万亩,表明人为无节制的扩大耕地已到了十分严重的程度。

二、宁夏沙漠化驱动因素分析

1. 研究数据来源

研究中的数据来源包括:社会经济数据来源于 1990—2014 年宁夏国民经济和社会发展统计资料汇编(统计年鉴);年平均气温等自然因素数据来源于 9 个主要沙区气象平均值。土地沙漠化影响因子的选取,近 30 年来在我国北方土地退化领域的研究表明,沙漠化是干旱、半干旱及部分半湿润地区由于人地关系不相协调所造成的以风沙活动为主要标志的土地退化。因此,影响土地沙漠化因子的选取既要考虑到人为因素,又要考虑到自然因素,也要考虑到自然与人为因素的综合影响。根据宁夏沙漠化地区人类活动对土地沙漠化的影响方式和自然条件对土地沙漠化的可能影响,并考虑到数据的可获取性和数据间的相关性,选择了影响土地沙漠化的 16 个影响因子(表6-3),其中人为因素 13 个:农机总动力、化肥使用量、粮食产量、大家畜存栏量、羊只存栏量、肉类总产量、农林牧总产值、农民人均纯收入、耕地面积、当年造林、人口、人口增长率、城镇化;自然因素包括气温、降水量、日照时数、风速 4 个影响因子。

表6-3　基本数据统计

项目	农机 (万瓦特)	化肥 (万吨)	农林牧总产值 (指数)	耕地 (万 hm²)	林地 (万 hm²)	粮食产量 (吨)
1990	191 105	46.1	104.3	79.6	0.9	191 703
1994	228 601	55.2	102.1	80.6	2.9	201 221
1999	377 934	75.5	104.7	128.0	4.9	293 281
2004	528 493	84.2	107.8	110.5	16.3	290 488
2009	702 548	96.7	108.2	113.2	9.0	340 703
2014	813 018	108.9	105.9	128.9	8.4	377 893

（续表）

项目	大家畜 （万头）	羊只存栏 （万只）	肉类 （万吨）	人口增长率 （‰）	总人口 （人）	纯收入 （元）
1990	74.3	317.6	6.4	18.8	466.0	594.3
1994	83.1	269.1	9.8	13.7	500.0	910.5
1999	88.9	376.7	17.1	12.3	539.9	1790.7
2004	108.0	493.5	24.4	11.2	584.0	2320.0
2009	92.1	470.2	25.5	12.0	625.2	4048.3
2014	95.8	570.1	28.5	8.6	661.5	7389.0

项目	气温 （℃）	降水量 （mm）	日照时数 （h）	风速 （m/s）	城镇化 （%）	总面积 （万 hm²）
1990	9.6	287.5	1804.1	2.2	25.72	126.90
1994	9.6	192.3	2850.8	3.0	28.62	125.60
1999	10.3	201.2	3063.1	2.9	32.54	120.80
2004	9.8	167.8	3041.0	2.9	40.60	118.14
2009	10.3	182.2	2839.7	2.2	46.10	116.22
2014	10.8	155.8	2903.3	2.0	53.61	112.45

2. 沙漠化土地面积与各因素之间关联性分析

应用灰色关联度分析从沙漠化程度与影响因子之间关联性（表6-4）：轻度（28.68）>强度（21.33）>总面积（18.06）>极强度（17.04）>中度（14.89）。

影响沙化程度因素排列：人口增长率（8.01）>风速（7.73）>降水量（6.75）>耕地（6.54）>气温（6.15）>城镇化（6.04）>人均纯收入、粮食产量（6.41）>羊只存栏（5.74）>人口（5.71）>农机（5.64）>化肥（5.59）>肉类（5.09）>林地（4.95）>大家畜（4.92）>日照时数（4.80）>农林总产值指数（4.36）。

影响因素前3项为人口增长率、风速、降水量。影响因素最低的是大家畜、日照时数、农林牧总产值指数。

表6-4　沙漠化土地面积与因素之间关联系数

关联矩阵	轻度	中度	强度	极强度	总面积	比例%
城镇化	0.750 34	0.193 12	0.296 97	0.227 91	0.2658	6.04
农机	0.6251	0.201 19	0.278 70	0.235 49	0.2781	5.64
化肥	0.5558	0.204 85	0.320 56	0.239 97	0.2844	5.59

（续表）

关联矩阵	轻度	中度	强度	极强度	总面积	比例%
耕地	0.409 86	0.402 31	0.268 19	0.399 58	0.3973	6.54
林地	0.534 41	0.189 63	0.315 21	0.1812	0.1994	4.95
粮食产量	0.460 36	0.220 99	0.401 95	0.308 84	0.3260	5.99
大家畜	0.471 36	0.225 15	0.282 35	0.203 18	0.2302	4.92
羊只	0.594 86	0.207 61	0.4447	0.188 67	0.2127	5.74
入口增长率	0.358 61	0.249 39	0.533 18	0.5673	0.5906	8.01
人口	0.6577	0.198 51	0.288 54	0.227 93	0.2666	5.71
气温	0.603 52	0.265 23	0.357 07	0.242 17	0.2966	6.15
降水量	0.266 07	0.374 09	0.454 43	0.422 62	0.4201	6.75
日照时数	0.251 27	0.327 32	0.2621	0.281 19	0.2565	4.80
风速	0.196 88	0.411 88	0.538 56	0.558 81	0.5133	7.73
肉类	0.485 64	0.222 87	0.364 01	0.183 19	0.2060	5.09
纯收入	0.659 92	0.203 58	0.357 82	0.250 24	0.2476	5.99
农林牧总产值	0.349 49	0.177 11	0.359 36	0.172 85	0.1916	4.36
比例%	28.68	14.89	21.33	17.04	18.06	100.00

影响总面积的因素：人口增长率（0.5906）>风速（0.5133）>降水量（0.4201）>耕地（0.3973）>粮食产量（0.3260）>气温（0.2966）>化肥（0.2844）>农机（0.2781）>人口（0.2666）>城镇化（0.2658）>日照时数（0.2565）>人均纯收入（0.2476）>大家畜（0.2302）>羊只存栏（0.2127）>肉类（0.2060）>林地（0.1994）>农林总产值指数（0.1916）。

影响总面积因素前3项为人口增长率、风速、降水量与总体沙化程度相同。影响因素最低的是肉类、林地、农林牧总产值指数。

灰色关联只能看出影响之间的紧密程度，无法反映出正负的关系。通过相关系数才能反映出相关的正负以及显著性。

从相关系数可以看出（表6-5）影响沙化总面积正相关的有4项（人口增长率、降水量、日照时数、风速），正相关表明促进沙化土地面积的增加，人口增长率与沙化总面积之间呈显著关系，其他3项相关系数不显著。其他结合灰色关联系数来看，关联度前3项人口增长率、风速、降水量对土地沙漠化过程有促进作用。负相关的有13项；负相关则相反表明促进沙化土地面积的减少。相关系数极显著的有8项（农机、化肥、粮食产量、羊只存栏、肉类产量、人口）。表明近年来的农牧业生产过程促进土地沙漠化的治理，促进沙化面积的减少。

表 6-5　相关系数及显著性

项目	相关系数					显著性				
	轻度	中度	强度	极强度	总面积	轻度	中度	强度	极强度	沙化土地
城镇化	0.9853	−0.2218	−0.7074	−0.9923	−0.9763	0.00	0.72	0.18	0.00	0.00
农机	0.9608	−0.2491	−0.6747	−0.9921	−0.9834	0.01	0.69	0.21	0.00	0.00
化肥	0.9556	−0.1979	−0.7190	−0.9838	−0.9966	0.01	0.75	0.17	0.00	0.00
耕地	0.6219	0.1219	−0.7002	−0.6408	−0.7524	0.26	0.85	0.19	0.24	0.14
林地	0.4773	−0.8436	0.0776	−0.5571	−0.5058	0.42	0.07	0.90	0.33	0.38
粮食产量	0.9037	−0.0946	−0.7519	−0.9359	−0.9750	0.04	0.88	0.14	0.02	0.00
大家畜	0.5279	−0.7195	−0.0588	−0.5746	−0.5460	0.36	0.17	0.93	0.31	0.34
羊只	0.9530	−0.3362	−0.6443	−0.9702	−0.9738	0.01	0.58	0.24	0.01	0.01
人口增长率	−0.9516	−0.0091	0.8580	0.8843	0.9114	0.01	0.99	0.06	0.05	0.03
人口	0.9706	−0.2454	−0.6869	−0.9955	−0.9871	0.01	0.69	0.20	0.00	0.00
气温	0.7731	0.3374	−0.9096	−0.7468	−0.8272	0.13	0.58	0.03	0.15	0.08
降水量	−0.8899	0.3215	0.5569	0.8337	0.7800	0.04	0.60	0.33	0.08	0.12
日照时数	−0.1365	−0.0614	0.0376	0.1301	0.0309	0.83	0.92	0.95	0.83	0.96
风速	−0.8720	−0.0154	0.7328	0.8782	0.8696	0.05	0.98	0.16	0.05	0.06
肉类	0.9257	−0.4140	−0.5661	−0.9771	−0.9735	0.02	0.49	0.32	0.00	0.01
纯收入	0.9597	0.0914	−0.8782	−0.9112	−0.9199	0.01	0.88	0.05	0.03	0.03
农林牧总产值	0.6048	−0.7568	−0.0785	−0.7517	−0.7251	0.28	0.14	0.90	0.14	0.17

　　从轻度沙漠化相关系数来看与总面积整体呈相反趋势。影响沙化总面积正相关的有 4 项（人口增长率、降水量、日照时数、风速）全部为负相关。影响沙化总面积负相关的 13 项全部为正相关。表明近年来的农牧业生产过程促进其他类型的沙漠化土地面积向轻度沙漠化面积增加，与沙漠化土地调查结果一致，土地沙化程度总体是由极重度—重度—中度—轻度流转。

　　3. 沙漠化面积与农业生产之间关系

　　（1）单因素作用。通过逐步回归法得知（表 6-6、表 6-7），宁夏沙漠化土地面积与化肥用量、农林牧产值、耕地、羊只存栏有关。

$$Y = 127.0119 - 0.1810 X_{(化肥)} + 0.11186 X_{(农林牧产值)} - 0.0016 X_{(耕地)} -$$

$$0.0126X_{(羊只)}\ (R^2=0.9999)$$

由方程得知，化肥使用量增加、耕地面积增加、羊只存栏量增加可以促进对沙漠化土地减少；农林牧生产总值的增加对沙漠化土地面积增加具有促进作用。

表6-6 方差分析

变异来源	平方和	自由度	均方	F 值	p 值
回归	154.3585	4	38.5896	1905951.2388	0.0005
残差	0.0000	1	0.0000	—	—
总变异	154.3585	5	—	—	—

表6-7 回归系数检验

项目	回归系数	标准回归系数	偏相关	t 值	p 值
化肥	−0.1810	−0.7826	−1.0000	643.0449	0.0010
农林牧总产值	0.1186	0.0490	0.9999	82.3840	0.0077
耕地	−0.0016	−0.0062	−0.9940	9.0946	0.0697
羊只	−0.0127	−0.2606	−1.0000	221.5949	0.0029

（2）互作作用。通过逐步回归法得知（表6-8、表6-9），宁夏沙漠化土地面积与农机×人口增长率、粮食产量×肉类产量、肉类产量×人口数、气温×风速有关。复相关系数 R=0.9999，决定系数 $R^2=0.9999$。

$$Y=1270372.70+0.0046X_{(农机)}X_{(人口增长率)}-0.0216X_{(粮食产量)}X_{(肉类产量)}+$$
$$2.4845X_{(肉类产量)}X_{(人口数)}+59.4135X_{(气温)}X_{(风速)}$$

互作效应对土地沙漠化的进程起到推动作用。气温×风速（59.4135）>肉类产量×人口数（2.4845）>农机×人口增长率（0.0046）>粮食产量×肉类产量（−0.0216）。自然因素作用大于人为因素作用。

表6-8 方差分析

变异来源	平方和	自由度	均方	F 值	p 值
回归	154.3585	4	38.5896	3357870205.9886	0.0000
残差	0.0000	1	0.0000	—	—
总变异	154.3585	5	—	—	—

表 6-9　相关系数

系数	回归系数	标准回归系数	偏相关	t 值	p 值
$x_1 x_{10}$	0.0000	0.1679	1.0000	6943.3339	0.0001
$x_6 x_9$	0.0000	−1.4231	−1.0000	14146.4879	0.0000
$x_9 x_{11}$	0.0002	0.2759	1.0000	2623.8573	0.0002
$x_{13} x_{16}$	0.0059	0.0043	1.0000	368.4364	0.0017

三、基于因子分析法驱动因素分析

1. 特征值和特征向量计算

特征值的贡献率和累积贡献率（KMO）= 0.8058，可以应用因子分析法。并根据累积贡献率≥85%的原则取得主成分。共提取了 3 个主成分，各主成分方差贡献率分别为 75.77%、15.18%、5.84%，累积贡献率达 96.77%超过 85%，它们已代表了宁夏沙漠化驱动因子绝大部分的信息（表 6-10）。

表 6-10　因子分析的特征值及贡献率

No	特征值	百分率%	累计百分率%
1	12.1224	75.7652	75.7652
2	2.4280	15.1750	90.9401
3	0.9341	5.8381	96.7782
4	0.4162	2.6010	99.3792
5	0.0993	0.6208	100.0000

2. 初始因子估值及载荷

表 6-11　初始因子估计值

No.	F1	F2	F3	共同度
城镇化	0.9656	−0.1985	0.0973	0.9813
农机	0.9676	−0.2082	0.0853	0.9868
化肥	0.9927	−0.0953	−0.0148	0.9948
耕地	0.8540	0.0271	−0.3013	0.8208
林地	0.7102	0.4606	0.5208	0.9877

No.	F1	F2	F3	共同度
粮食产量	0.9732	−0.1573	−0.0936	0.9806
大家畜	0.7855	0.5113	0.3256	0.9844
羊只	0.9386	−0.1551	0.2585	0.9719
增长率	−0.9299	−0.2554	0.1961	0.9684
人口	0.9856	−0.1112	0.0406	0.9854
气温	0.8421	−0.3509	−0.3864	0.9817
降水量	−0.8475	−0.4262	0.1281	0.9163
日照时数	0.6772	0.6482	−0.3333	0.9898
风速	−0.3135	0.9281	−0.1921	0.9966
肉类	0.9880	0.0360	0.1226	0.9925
纯收入	0.8906	−0.3848	−0.0687	0.9459
方差贡献	12.1225	2.4281	0.9342	—
占%	75.7700	15.1800	5.8400	—
累计%	75.7700	90.9400	96.7800	—

根据原有变量的相关系数矩阵（表6-11），采用主成分分析法提取因子并选取大于1的特征根，3个因子提取所有变量的共同度均较高均在0.9以上，各个变量的信息丢失较少。因此，因子提取的总体效果较为理想。

通过 Varimax with Kaiser Normalization 对初始因子估计值进行旋转。各因子贡献率得到进一步完善，累计贡献率由 75.77%、15.18%、5.84% 调整为 52.8602%、23.9790%、19.9406%。共同度均在 0.82 以上，各个变量的信息丢失较少（表6-12）。

表6-12 因子载荷矩阵

项目	因子1	因子2	因子3	共同度
城镇化	0.8609	0.4648	0.1555	0.9813
农机	0.8704	0.4525	0.1566	0.9868
化肥	0.8446	0.4334	0.3061	0.9948
耕地	0.7198	0.1942	0.5148	0.8208
林地	0.1949	0.9358	0.2719	0.9877
粮食产量	0.8803	0.3378	0.3027	0.9806

（续表）

项目	因子1	因子2	因子3	共同度
大家畜	0.2633	0.8423	0.4534	0.9844
羊只	0.7829	0.5939	0.0789	0.9719
增长率	-0.6274	-0.4054	-0.6406	0.9683
人口	0.8373	0.4662	0.2588	0.9854
气温	0.9455	-0.0312	0.2946	0.9817
降水量	-0.4501	-0.4874	-0.6900	0.9163
日照时数	0.2269	0.3362	0.9085	0.9898
风速	-0.7474	0.0766	0.6573	0.9966
肉类	0.7381	0.5907	0.3142	0.9924
纯收入	0.9415	0.2241	0.0964	0.9459
方差贡献	8.4576	3.8366	3.1905	—
累计贡献%	52.8602	76.8392	96.7801	—

3. 因子提取

表6-13、表6-14因子1中主要由气温（0.9455）、纯收入（0.9415）、粮食产量（0.8803）、农机（0.8704）决定。因子1中风速是负值，表明风速对土地沙漠化起到推动作用，因子1可命名为农业生产；因子2由林地（0.9358）、大家畜（0.8423）决定，可命名为生态因子；因子3由日照时数（0.9085）、风速（0.6573）、降水量（-0.6772）、人口增长率（-0.6406），命名为气候因子。降水量、人口增长率是负值，表明风速对土地沙漠化起到推动作用。

表 6-13　因子提取

简化	因子1	因子2	因子3
城镇化	0.8609	—	—
农机	0.8704	—	—
化肥	0.8446	—	—
耕地	0.7198	—	—
林地	—	0.9358	—
粮食产量	0.8803	—	—
大家畜	—	0.8423	—
羊只	0.7829	—	—

（续表）

简化	因子1	因子2	因子3
增长率	—	—	−0.6406
人口	0.8373	—	—
气温	0.9455	—	—
降水量	—	—	−0.6900
日照时数	—	—	0.9085
风速	−0.7474	—	0.6573
肉类	0.7381	—	—
纯收入	0.9415	—	—

表6-14　因子得分

系数	因子1	因子2	因子3
城镇化	−0.0156	−0.0391	0.0430
农机	0.6016	0.8125	−0.3457
化肥	0.2969	0.2188	−0.1758
耕地	0.2578	−0.0625	0.2056
林地	−0.0977	0.5576	−0.1870
粮食产量	0.0469	−0.1445	0.0977
大家畜	0.0195	0.5313	−0.1460
羊只	−0.0625	0.1914	−0.1064
增长率	0.0078	−0.0107	−0.2344
人口	0.1406	0.0918	−0.0654
气温	0.1763	−0.4167	0.1947
降水量	−0.0742	−0.0342	−0.2686
日照时数	−0.0781	−0.2109	0.4580
风速	−0.1094	0.0820	0.3711
肉类	−0.6914	−0.6440	0.0603
纯收入	0.1406	−0.1875	−0.0635

4. 综合评价

在因子分析法中，根据各指标间的相关关系或各项指标值的变异程度确定的权重，具有客观性，且权重等于方差百分比。将每个公共因子得分与对应的权重进行线性加权求和，即可得出某一年的综合评价值（F）。公式表示如下：

$$F = 7.7495Y_1 + 3.7944Y_2 + 2.9620Y_3$$

从表6-15可以看出，综合得分为正数的有4年，为负数的有2年。整体生态环境逐步变好。

表6-15   年度得分统计

得分	Y (i, 1)	Y (i, 2)	Y (i, 3)	综合	排序
1990	-0.7186	-0.8346	-1.5505	-4.2323	6
1994	-0.9065	-0.5912	0.7908	-2.0888	5
1999	0.0174	-0.8618	1.2192	0.106	4
2004	-0.5455	1.9314	0.1142	1.3996	3
2009	0.6505	0.3207	-0.4137	1.5637	2
2014	1.5028	0.0355	-0.1601	3.2516	1

5. 土地沙化面积与因子得分关系

从图6-2中可以看出，因子得分逐年上升（$y = 1.4192x - 4.9671$，$R^2 = 0.9458$，沙化面积逐年下降（$y = -2.9443x + 130.32$，$R^2 = 0.9828$），都呈直线趋势。表明因子分析法中影响因素选取能够反映出影响土地沙化动态过程。也说明沙化土地动态变化受驱动因子的影响。

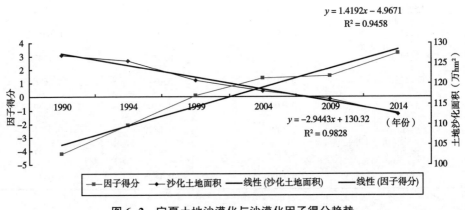

图6-2   宁夏土地沙漠化与沙漠化因子得分趋势

6. 土地沙化面积与城镇化关系

表 6-16　土地沙化面积与城镇化统计

项目	1990 年	1994 年	1999 年	2004 年	2009 年	2014 年
沙漠化面积	126.9	125.6	120.8	118.14	116.22	112.45
城市户比	23.92	26.92	28.6	35.35	37.23	40.15
城镇化	25.72	28.62	32.54	40.60	46.10	53.61

应用回归分析法，宁夏沙漠化面积与城镇化之间呈直线关系（表 6-16~ 18），由于城镇化的进程加快，农村人口的减少，农民生活、生产方式对土地的影响相对减少。

$$y = 140.92858 - 0.1850x_1 - 0.3958x_2 \quad (R^2 = 0.9652)$$

表 6-17　方差分析

方差来源	平方和	自由度	均方	F 值	p 值
回归	148.9907	2	74.4954	41.6350	0.0065
剩余	5.3677	3	1.7892	—	—
总的	154.3585	5	30.8717	—	—

表 6-18　回归系数显著性检验

变量	回归系数	标准回归系数	偏相关	标准误	t 值	p 值
b0	140.9286	—	—	5.9790	23.5708	0.0002
b1	−0.1850	−0.2145	−0.1838	0.5710	0.3240	0.7672
b2	−0.3958	−0.7701	−0.5574	0.3403	1.1629	0.3290

7. 结论与讨论

驱动宁夏沙漠化土地动态变化的 3 个因子中：人为因子 1 个，占总体贡献的 52.86%，生态因子 1 个，占总体贡献的 23.98%，气象因子 1 个，占总体贡献的 19.94%。从中看出宁夏沙漠化驱动因子中人为因素最大占一半以上。

四、盐池县沙漠化动态变化

1. 盐池县土地沙漠化动态变化

表 6-19　盐池县土地沙漠化变化情况　　　单位：km²

年份	流动沙地	比例	半固定沙地	比例	固定沙地	比例	各类总和
1961	204.13	20.29	214.96	21.37	587.02	58.35	1006.11
1983	394.90	62.44	158.99	25.14	78.52	12.42	632.41
1986	440.20	38.71	422.70	37.17	274.40	24.13	1137.30
1987	440.20	39.80	391.30	35.38	274.40	24.81	1105.90
1988	309.00	12.78	886.80	36.68	1221.70	50.54	2417.50
1989	1032.70	43.62	997.00	42.11	337.90	14.27	2367.60
1994	286.00	23.27	443.40	36.08	499.40	40.64	1228.80
1995	547.20	36.09	700.80	46.23	268.00	17.68	1516.00
2000	424.10	32.30	743.30	56.61	145.60	11.09	1313.00
2001	380.10	32.01	681.80	57.41	125.60	10.58	1187.50
2003	63.18	13.86	166.55	36.54	207.96	45.63	455.75
2004	62.80	14.19	171.28	38.70	208.50	47.11	442.58
2005	60.34	13.80	167.42	38.30	209.37	47.90	437.13
2009	61.39	11.28	285.64	52.49	197.19	36.23	544.21
平均	336.16	29.80	459.42	40.73	331.11	29.35	1127.99

从 1961—1988 年（表 6-19），盐池县沙化土地面积逐年上升，流动沙地增加了 104.87km²，半固定沙地增加了 671.84km²，固定沙地增加了 22.67km²，总面积增加了 1411.39km²。从 1989—2000 年，沙化土地面积开始逐年下降，流动沙地减少了 608.6km²，半固定沙地减少了 253.7km²，固定沙地减少了 192.3km²，总面积增加了 1054.6km²。2001—2009 年，沙化土地面积开始逐年下降，流动沙地减少 318.71km²，半固定沙地减少 396.16km²，固定沙地增加 71.59km²，各类沙丘总和面积增加 643.29km²。1961—2009 年，沙化土地面积开始逐年下降，流动沙地减少了 142.74km²，固定沙地减少 389.83km²；半固定沙地增加 70.68km²，总面积减少了 461.9km²。

2. 气象因素对盐池县沙漠化动态变化影响

灰色关联对于两个系统之间的因素，其随时间或不同对象而变化的关联性大小的量度，称为关联度。在系统发展过程中，若两个因素变化的趋势具有一致性，即同步变化程度较高，即可谓二者关联程度较高；反之，则较低。因此，灰色关联分析方法，是根据因素之间发展趋势的相似或相异程度，亦即"灰色关联度"，作为衡量因素间关联程度的一种方法（表6-20）。

表6-20　盐池县主要气象因子情况

年份	降水量 （mm）	蒸发量 （mm）	平均气温 （℃）	极端高温 （℃）	极端最低 （℃）	大风日数 （d）	无霜期 （d）
1961	420.8	1982.5	8.1	36.1	−25.3	31	181
1983	227.6	2039.9	8.0	35.1	−23.6	11	186
1986	236.8	1838.9	7.7	35.3	−20.9	5	186
1987	199.2	2301.9	9.4	36.4	−20.2	16	169
1988	275.9	1877.3	8.0	35.7	−24.3	10	186
1989	296.4	1824.3	8.7	33.2	−27.0	2	149
1994	292.4	1886.4	9.1	34.0	−20.0	16	148
1995	303.2	1880.3	8.4	34.7	−17.9	14	211
2000	161.3	2003.8	9.1	37.5	−23.9	10	181
2001	387.7	1928.7	9.4	36.7	−18.9	14	178
2003	302.1	1466.0	8.1	34.2	−22.0	13	165
2004	282.2	1543.3	8.0	34.4	−26.7	23	203
2005	194.7	1540.2	8.4	36.8	−26.2	10	150
2009	280.7	1316.6	8.6	35.1	−25.2	11	170

表6-21　灰色关联度系数

关联矩阵	降水量	蒸发量	平均气温	极端高温	极端低温	大风日数	无霜期
流动沙地	0.3625	0.5183	0.3608	0.3953	0.4779	0.4087	0.4654
半固定沙地	0.3377	0.4318	0.4090	0.3855	0.3924	0.2878	0.3365
固定沙地	0.3847	0.3894	0.4244	0.3646	0.3186	0.4417	0.3492
沙丘总和	0.3802	0.4870	0.3389	0.3530	0.3833	0.3594	0.4105

对流动沙地影响的因子大小为（表6-21）：蒸发量（0.5183）>极端低温

（0.4779）＞无霜期（0.4654）＞大风日数（0.4087）＞极端高温（0.3953）＞降水量（0.3625）＞平均气温（0.3608）。对半固定沙地影响的因子大小为：蒸发量（0.4318）＞平均气温（0.4090）＞极端低温（0.3924）＞极端高温（0.3855）＞降水量（0.3377）＞无霜期（0.3365）＞大风日数（0.2878）。对固定沙地影响的因子大小为：大风日数（0.4417）＞平均气温（0.4244）＞蒸发量（0.3894）＞降水量（0.3847）＞极端高温（0.3646）＞无霜期（0.3492）＞极端低温（0.3186）。对各类沙丘总和影响的因子大小为：蒸发量（0.4870）＞无霜期（0.4105）＞极端低温（0.3833）＞降水量（0.3802）＞大风日数（0.3594）＞极端高温（0.3530）＞平均气温（0.3389）。排在前两位的因子分别是蒸发量、极端低温。从图6-3、图6-4中看出除了1988年、1999年外，沙丘面积总和与蒸发量、极端低温趋势一致。

但1987—1989年的趋势与蒸发量、极端低温趋势不一致，主要是1987年降水量较低，林地面积减少，羊只存栏过大造成。

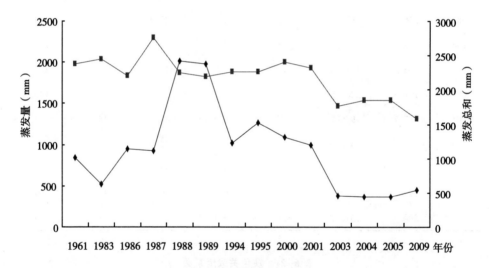

图6-3　蒸发量与土地沙化趋势

3. 基于因子对驱动因子的分析

（1）数据来源。研究中的数据来源包括：社会经济数据来源于1961—2005年盐池县国民经济和社会发展统计资料汇编（盐池县统计局）；年平均气温等自然因素数据来源于盐池县气象局。根据盐池县人类活动对土地沙漠化的影响方式

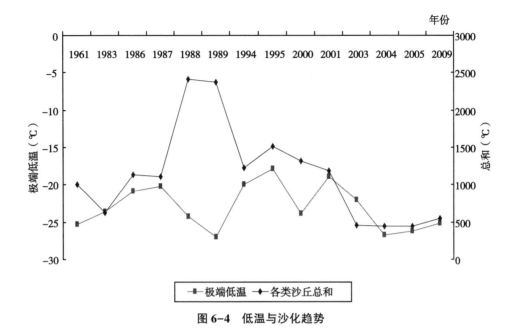

图6-4　低温与沙化趋势

和自然条件对土地沙漠化的可能影响，并考虑到数据的可获取性和数据间的相关性，选择了影响土地沙漠化的 15 个影响因子，其中人为因素有 9 个，即人口、大家畜、绵羊、山羊、林地、耕地、人均农林牧产值、人口增长率、粮食产量；自然因素包括降水量、蒸发量、平均气温、大风日数、极端高温、极端最低 6 个影响因子（表6-22）。

（2）结果与分析。

①数据标准化处理。在调查数据中，有不同的物理量和相差甚远的数量级，因此，采取标准化处理，对信息损失较小。$z_i = (x_i - x_{min}) / (x_{max} - x_{min})$；其中，$z_i$ 为指标的标准分数，x_i 为某年某项气象指标的指标值，x_{max} 为全部年份中某指标的最大值；x_{min} 为全部年份中某指标的最小值。数据处理应用 DPS系统。

②因子分析法显著性分析。计算特征值的贡献率和累积贡献率（KMO）= 0.7762，可以应用因子分析法。Bartlett 球形检验，卡方值 Chi = 111.1548，df = 105，$P = 0.003$。表明可以应用因子分析法进行分析。

表6-22　盐池县沙漠化动态变化影响因素统计

年份/单位	降水量(mm)	蒸发量(mm)	平均气温(℃)	极端高温(℃)	极端最低(℃)	大风日数(天)	人口(人)	人口增长率(‰)	大家畜(头)	绵羊(只)	山羊(只)	林地(亩)	耕地(亩)	粮食产量(吨)	人均农林产值(元)
1961	420.8	1982.5	8.1	36.1	-25.3	31	58 114	12.0300	26 330	210 803	283 995	423.8	55 933	23 671	137
1983	227.6	2039.9	8.0	35.1	-23.6	11	121 741	17.6200	31 333	289 263	133 982	2952.0	60 400	12 612	159
1986	236.8	1838.9	7.7	35.3	-20.9	5	131 236	16.5700	34 376	375 127	161 318	16 694.0	60 667	30 120	344
1987	199.2	2301.9	9.4	36.4	-20.2	16	131 751	18.6800	31 897	335 653	164 327	2120.0	60 867	17 226	390
1988	275.9	1877.3	8.0	35.7	-24.3	10	134 426	15.2900	30 072	340 066	176 859	21 968.0	60 733	28 398	437
1989	296.4	1824.3	8.7	33.2	-27.0	2	136 658	17.3900	29 604	353 011	187 437	1850.0	59 930	30 280	451
1994	292.4	1886.4	9.1	34	-20.0	16	146 814	*10.0100	28 928	248 799	148 834	12 775.0	60 044	39 119	990
1995	303.2	1880.3	8.4	34.7	-17.9	14	148 621	9.1800	28 831	248 640	152 250	8032.0	59 726	29 918	1031
2000	161.3	2003.8	9.1	37.5	-23.9	10	152 217	9.2400	22 273	235 678	131 967	11 340.0	94 726	28 118	1207
2001	387.7	1928.7	9.4	36.7	-18.9	14	153 192	9.0900	20 655	204 771	121 828	19 993.0	92 720	57 299	1767
2003	302.1	1466	8.1	34.2	-22	13	158 000	11.7800	14 715	340 685	109 069	51 961.0	77 587	57 640	2357.0
2004	282.2	1543.3	8.0	34.4	-26.7	23	160 936	11.7000	16 238	350 858	101 100	19 447.0	90 060	73 356	6752.42
2005	194.7	1540.2	8.4	36.8	-26.2	10	162 987	11.3000	13 103	441 412	134 562	15 663.0	89 533	61 290	2795.0
2009	280.7	1316.6	8.6	35.1	-25.2	11	165 831	9.2900	9188	676 435	177 575	8070.0	88 886	86 919	4549.5

（3）特征值和特征向量。根据累积贡献率≥85%的原则取得主成分（表6-23）。共提取了5个主成分，各主成分方差贡献率分别为39.1817%、16.3444%、14.8963%、10.6487%和6.4488%，累积贡献率达87.5198%，超过85%，他们已代表了盐池县沙漠化驱动因子绝大部分的信息。

表6-23 因子分析的特征值及贡献率

序号	特征值	百分率%	累计百分率%
1	5.8773	39.1817	39.1817
2	2.4517	16.3444	55.5261
3	2.2344	14.8963	70.4224
4	1.5973	10.6487	81.0710
5	0.9673	6.4488	87.5198
6	0.6673	4.4487	91.9685
7	0.4614	3.0758	95.0443
8	0.3788	2.5254	97.5698
9	0.2307	1.5382	99.1080
10	0.0701	0.4676	99.5755
11	0.0333	0.2218	99.7974
12	0.0185	0.1233	99.9206
13	0.0119	0.0794	100.0000

（4）初始因子估计值。根据原有变量的相关系数矩阵（表6-24），采用主成分分析法提取因子并选取大于1的特征根，5个因子提取所有变量的共同度均较高，各个变量的信息丢失较少。因此，因子提取的总体效果较为理想。

表6-24 初始因子估计值

项目	F1	F2	F3	F4	F5	共同度	特殊方差
降水量	-0.1045	-0.7041	0.3795	-0.4046	0.2370	0.8706	0.1295
蒸发量	-0.8687	0.3201	0.2795	0.1383	-0.0454	0.9565	0.0435
平均气温	-0.0258	0.4599	0.5752	0.2481	0.5175	0.8724	0.1276
极端高温	-0.0505	0.2490	0.5221	0.6058	-0.3987	0.8631	0.1369
极端最低	-0.2829	0.4419	0.4617	-0.5127	0.2082	0.7947	0.2053

（续表）

项目	F1	F2	F3	F4	F5	共同度	特殊方差
大风日数	−0.0871	−0.6418	0.5690	0.0140	−0.2067	0.7862	0.2138
人口	0.7700	0.5721	−0.0775	−0.1351	0.1722	0.9741	0.0259
大家畜	−0.9135	0.2130	−0.1673	−0.1704	0.0292	0.9377	0.0623
绵羊	0.5867	−0.1012	−0.5494	0.3274	0.2845	0.8445	0.1555
山羊	−0.5605	−0.6573	−0.0151	0.3149	0.2077	0.8888	0.1113
林地	0.5201	0.1033	0.0154	−0.6130	−0.4150	0.8294	0.1706
耕地	0.8277	0.1905	0.3360	0.2873	−0.1563	0.9413	0.0587
粮食产量	0.9425	−0.2164	0.0622	−0.0146	0.1691	0.9678	0.0322
人均农林	0.8767	−0.2112	0.0143	0.0551	−0.0255	0.8170	0.1830
人口增长率	−0.5679	0.1396	−0.6470	0.0876	−0.1254	0.7840	0.2160
方差贡献	5.8773	2.4517	2.2344	1.5973	0.9673		
占%	39.1800	16.3400	14.9000	10.6500	6.4500		
累计%	39.1800	55.5300	70.4200	81.0700	87.5200		

（5）因子载荷分析。通过 Varimax with Kaiser Normalization 对初始因子估计值进行旋转（表6-25）。各因子贡献率得到进一步完善，累计贡献率 39.18%、55.53%、70.42、81.07 调整为 36.06%、52.06%、65.07%、76.92%。共同度均在 0.78 以上，各个变量的信息丢失较少。

表 6-25　因子载荷矩阵

项目	因子1	因子2	因子3	因子4	因子5	共同度	特殊方差
降水量	0.0575	0.8410	0.0551	0.0990	0.3836	0.8705	0.1295
蒸发量	−0.8605	0.0431	0.1814	0.2876	−0.3140	0.9565	0.0435
平均气温	0.0217	−0.0994	0.1931	0.8736	−0.2483	0.8724	0.1276
极端高温	−0.0338	0.0275	0.0771	0.1392	−0.9143	0.8631	0.1369
极端最低	−0.4062	0.1015	−0.4022	0.6664	0.1165	0.7947	0.2053
大风日数	0.0740	0.8456	0.0732	−0.0680	−0.2359	0.7862	0.2138
人口	0.5838	−0.5779	−0.4335	0.3264	0.0698	0.9741	0.0259
大家畜	−0.9443	−0.0704	0.1194	0.0326	0.1605	0.9377	0.0623
绵羊	0.6490	−0.4563	0.3189	−0.2431	0.2330	0.8445	0.1555
山羊	−0.2796	0.4720	0.7337	−0.2016	0.0943	0.8888	0.1112

（续表）

项目	因子1	因子2	因子3	因子4	因子5	共同度	特殊方差
林地	0.2895	0.0360	−0.8410	−0.1559	0.1126	0.8294	0.1706
耕地	0.7763	−0.1291	−0.2434	0.1683	−0.4841	0.9413	0.0587
粮食产量	0.9648	0.0315	−0.1427	0.0400	0.1182	0.9678	0.0322
人均农林	0.8809	0.0110	−0.1657	−0.1150	−0.0136	0.8170	0.1830
人口增长率	−0.6062	−0.4083	0.2203	−0.4221	0.1519	0.7840	0.2160
方差贡献	5.4086	2.4008	1.9513	1.7767	1.5905	—	—
累计贡献%	36.06	52.06	65.07	76.92	87.52	—	—

（6）因子提取及命名。表6-26，因子1中主要由耕地（0.7763）、粮食产量（0.9648）、人均农林牧产值（0.8892）决定，因子1中蒸发量、大家畜是负值，表明蒸发量和大家畜对土地沙漠化起到推动作用；因子2由降水量（0.8410）、大风日数决定（0.8456）；因子3由山羊存栏决定（0.7337）；因子4由平均气温（0.8736）、极端低温（0.6664）决定；因子5是由极端高温（−0.9143）决定，极端高温是一个负值，表明极端高温对沙漠化起到负作用，气温越高沙漠化越严重。

表6-26　因子提取

项目	因子1	因子2	因子3	因子4	因子5
降水量	—	0.8410	—	—	—
蒸发量	−0.8605	—	—	—	—
平均气温	—	—	—	0.8736	—
极端高温	—	—	—	—	−0.9143
极端最低	—	—	—	0.6664	—
大风日数	—	0.8456	—	—	—
人口	0.5838	—	—	—	—
大家畜	−0.9443	—	—	—	—
绵羊	0.6490	—	—	—	—
山羊	—	—	0.7337	—	—
林地	—	—	−0.8410	—	—
耕地	0.7763	—	—	—	—
粮食产量	0.9648	—	—	—	—

（续表）

项目	因子1	因子2	因子3	因子4	因子5
人均农林	0.8809	—	—	—	—
人口增长率	-0.6062	—	—	—	—

（7）综合评价。在因子分析法中，根据各指标间的相关关系或各项指标值的变异程度确定的权重，具有客观性，且权重等于方差百分比。将每个公共因子得分与对应的权重进行线性加权求和，即可得出某一年的综合评价值（F）。可用公式表示如下：

$$F = 5.4086Y_1 + 2.4008Y_2 + 1.9513Y_3 + 1.7767Y_4 + 1.5905Y_5$$

从表6-27可以看出，综合得分为正数的有11年，为负数的有14年。总体评价最好的为2004年得分为10.7732，其次为1999年得分为7.7921，最差的为1984年得分为-7.6076。

表6-27 各因子得分统计

年份	Y (i, 1)	Y (i, 2)	Y (i, 3)	Y (i, 4)	Y (i, 5)	合计	排名
1961	-0.6477	2.7953	1.4415	-1.0111	-0.5384	2.0396	3
1983	-1.1875	-0.6144	-0.0079	-0.8670	-0.1656	-2.8424	14
1986	-0.9126	-0.7423	-0.4187	-0.8525	0.4861	-2.4400	12
1987	-1.1997	-0.7491	0.8148	0.8639	-0.7331	-1.0032	8
1988	-0.6523	-0.1717	-0.2514	-0.9744	0.0293	-2.0205	11
1989	-0.2748	-0.9125	1.2905	-0.0761	1.5695	1.5966	5
1994	-0.3170	0.3685	-0.1649	1.3970	1.0372	2.3208	2
1995	-0.5066	0.4658	-0.4539	1.0543	0.8423	1.4019	6
2000	-0.1145	-0.6851	-0.1669	0.5694	-2.1876	-2.5847	13
2001	0.2791	0.8601	-0.7423	1.9088	-0.5092	1.7965	4
2003	0.5927	0.3012	-2.1922	-0.6648	0.7726	-1.1905	9
2004	1.3991	0.4396	-0.7447	-1.0004	-0.1520	-0.0584	7
2005	1.1368	-0.8375	0.1118	-0.5862	-1.1458	-1.3209	10
2009	2.4050	-0.5179	1.4843	0.2392	0.6947	4.3053	1

通过图6-5可以看出，盐池县沙地面积与驱动因子变化趋势发展一致，沙漠

化土地面积的变化滞后于驱动因子的发展，也说明沙化土地动态变化受驱动因子的影响。

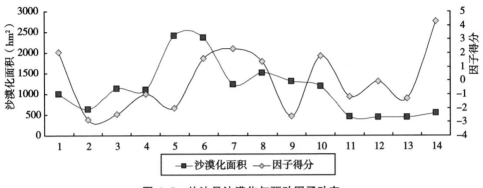

图6-5 盐池县沙漠化与驱动因子动态

4. 结论与讨论

（1）驱动盐池县沙漠化土地动态变化的5个因子中，人为因子有2个，占总体贡献的49.07%，气象因子3个占38.45%。盐池县沙漠化动态变化的主要因素为人为因素。5个因子中比重最大的是第一个占36.06%，占总体贡献率的41.20%，主要农业生产活动。3个气象因子中，降水量、大风日数占总体贡献率的16.00%，其次为平均气温、极端低温占11.85%，最低为极端高温占10.60%。极端高温是一个负值，表明极端高温对沙漠化起到推动作用，气温越高沙漠化越严重。

（2）盐池县过多的农村人口所产生的过度经济活动对土地沙漠化具有很大的驱动作用，人口通过农业生产活动对土地产生压力依然是沙漠化的主要成因。1961—2009年，盐池县人口增长了11万多，为了满足人口剧增对粮食的需求，通过开荒、扩大耕地面积的方式提高产量，造成局部地区水土流失和沙漠化，人口高速增长也给生态环境带来巨大压力。要想减少对土地的压力，需要大力开展农村集约化生产，提高土地生产率，提高农副产品的附加值，增加农户的人均纯收入，逐步减弱农户对土地的过度索取而造成的生态破坏。

（3）盐池县土地沙漠化是受到很多因素所影响的一个综合结果，具有多层次性和多面性。利用因子分析法，可以定量分析和评价盐池县沙漠化动态变化现状，利于揭示引起盐池县沙漠化土地动态变化差异的主导因素，可为政府沙漠化治理及预防，实现农业生产可持续发展管理和决策提供科学的依据。近年来，盐池县先后采取了水土流失防治、退耕还林（草），封山禁牧，禁止滥挖滥采等生态保护措施，促进了当地植被的恢复，对防治沙漠化起到重要作用，使盐池县水土流失减轻，生态环境有所改善。

（4）由于土地沙漠化发生区域的自然条件和社会经济因素错综复杂，不可能用同一指标体系量化土地沙漠化的驱动因素，也不可能用同一种模型解释土地沙漠化与人为作用的定量关系。由于数据来源的限制，解释人类活动对土地沙漠化的贡献率时，要涉及政策因素，难以量化政策对保护生态与环境的作用，同样，也未能定量评价禁牧政策对保护生态的积极作用，还有待于今后继续研究。

第七章　宁夏主要沙地草地植被数量变化研究

植被动态学研究的一项重要内容就是植被波动，植物群落波动现象在荒漠和草原群落中最为常见。很多学者对植被波动进行了定义，根据 Barkman & Braun-Blanquet 对植物波动的定义，只表现在种的数量上不同（如盖度、频度、多度、生物量等）的群落动态叫作波动。也就是说植物群落数量特征值在生态因子、组成植被群落的植物特性等因素的影响下会出现逐年或逐季的变化，且这种变化具有不定性、不完全的可逆性以及在典型情况下的相对稳定性。因此，通过每年的植被特征值比较分析来研究植被波动规律，具有十分重要的意义。通过调查草地植被特征值研究其波动及波动率不仅可为区域草地经营管理、草地植被恢复提供一些便利，也可有效地评估草地波动程度，为预测未来草地植被波动提供有效途径。通过学习前人研究成果，结合宁夏沙漠化定位监测的资料，以宁夏中卫市腾格里沙漠、盐池县毛乌素沙地为例，结合样地调查资料，分析 2003—2008 年草地植被数量特征值波动及波动率，从数量特征上对草地植被波动进行探讨，荒漠化评价提供参考方法。

一、调查样地及方法

中卫沙坡头调查区域立地类型主要有流动沙地，固定、半固定沙地和丘间地。主要建群植物有油蒿（*Artemisia ordosica*）、猪毛蒿（*A. scoparia*）、沙米（*Agriophyllum pungens*）、猪毛菜（*Salsola collina*）、苦豆子（*Sophra alopecuroides*）、雾冰藜（*Bassia dasyphylla*）、虫实（*Corispermum L.*）等。主要造林树种有杨树、沙柳、柠条、沙枣、红柳等。

盐池县调查区域立地类型也是主要有流动沙地，固定、半固定沙地和丘间地。植被在区系上属于亚欧草原区。共有 57 个植物科，221 个植物属，331 个植物种，植被组成上，禾本科最多，共 47 种，常见的有冰草 [*Agropyron cristaturn* (*L.*) *Gaertn*]、狗尾草 [*Setaria viridis* (*Linn.*) *Beauv.*]、赖草 [*Leymus secalinus* (*Georgi*) *Tzvel.*]、中华隐子草 [*Chinensis* (*Maxim.*) *Keng*] 等；此外，菊科、黎科、豆科所占比例也较大。植被类型有灌丛、草原、沙地植被、草甸和荒漠植被。其中灌丛、草原、沙地植被所占比例较大、分布较广。

二、研究方法

1. 植被调查

结合荒漠化动态监测项目，依据当地主要土地利用类型和主要荒漠化治理工程种类，选择有代表性地段，分别设置固定样地进行监测。设立样带，沿样带随机布设 1m×1m 的样方，调查时间为 2003—2008 年植物长势较好的 7—8 月。调查内容即为植物名称及植被数量特征值，包括植物种数、株数、盖度、高度及生物量等。

2. α 多样性计算

分析采用多样性指数（Shannon-Wiener 指数）、优势度指数（Simpson 指数）和均匀度指数 Pielou 进行分析。多样性指数（diversity index）：Shannon-wiener 指数（H）$H = -\sum (P_i \ln P_i)$；均匀度指数 Pielou（J）$J = (-\sum P_i \ln P_i)/\ln s$；重要值（IV）=（相对密度+相对高度+相对地上生物量）$/3 \times 100$。式中 N 为样地内所有植物种个体数之和；n_i 第 i 个物种的个体数；S 为样地内物种数；P_i 表示第 i 种物种的个体数占群落总个体数的比例。

3. 公式构建

植被在内外因子的双重影响下发生波动，植被群落相对于正常年份的波动程度即是群落的波动率。就草地植被而言，植被波动的定量表示可用数量特征值来表示。在草地生态学、统计学的意义下构建草地植被波动率计量公式：

$$FR = \left[a\left(\frac{C_i}{\sum\limits_{i=1}^{r} C_i/r} - 1\right) + b\left(\frac{B_i}{\sum\limits_{i=1}^{r} B_i/r} - 1\right) + h\left(\frac{H_i}{\sum\limits_{i=1}^{r} H_i/r} - 1\right) + d\left(\frac{D_i}{\sum\limits_{i=1}^{r} D_i/r} - 1\right) \right]/4$$

式中：FR——草地植被波动率；

C_i——第 i 年草地植被的盖度；

B_i——第 i 年草地植被的生物量；

H_i——第 i 年草地植被的高度；

D_i——第 i 年草地植被的密度；

a、b、h、d 分别为相应的权重系数；

r——草地植被观测年（本研究为 6 年）。

关于权重系数的确定，采用张克斌（2009）对盐池县草地的专家评定法的结果，a、b、h、d 分别为 1.61、1.81、0.27 和 0.32，代入公式中。

$$FR = \left[1.61 \times \left(\frac{C_i}{\sum\limits_{i=1}^{r} C_i / r} - 1 \right) + 1.81 \times \left(\frac{B_i}{\sum\limits_{i=1}^{r} B_i / r} - 1 \right) + \right.$$

$$\left. 0.27 \times \left(\frac{H_i}{\sum\limits_{i=1}^{r} H_i / r} - 1 \right) + 0.2 \times \left(\frac{D_i}{\sum\limits_{i=1}^{r} D_i / r} - 1 \right) \right] / 4$$

三、结果与分析

1. 植物群落数量特征动态分析

根据 2003—2008 年沙坡头、盐池观测点植被密度、高度、盖度、生物量取平均值，从植被数量特征角度分析两地 6 年来植被变化情况。

（1）沙坡头植物群落数量特征动态分析。表 7-1 中，不同年份群落中密度以 2003 年最高（1387.33），最低为 2005 年为 689.00，其他依次为 2004 年（124.50）>2007 年（1174.29）>2006 年（900.99）>2008 年（731.89）。多年平均密度为 1017.98，只有 2003 年、2004 年、2007 年三年高于多年平均值。群落高度 2003—2008 年平均值分别为 51.56cm、91.81cm、55.14cm、57.37cm、114.89cm、34.51cm。以 2007 年为最高，2008 年最低。

表 7-1　中卫 2003—2008 年植物群落特征

年份	密度（株/100m²）	高度（cm）	盖度（%）	生物量（kg/100m²）
2003	1387.33	51.56	38.97	9.80
2004	1224.50	91.81	55.78	10.41
2005	689.00	55.14	34.51	7.62
2006	900.99	57.37	33.50	7.28
2007	1174.29	114.89	62.28	7.71
2008	731.78	34.51	16.96	6.17
平均	1017.98	67.55	40.33	8.17

群落中盖度只有 2004 年、2007 年大于多年平均值 40.33，其他 4 年均低于多年平均值，以 2007 年盖度最高为 62.28%，以 2008 年最低为 16.96%。研究区建群种以多年生灌木柠条、半灌木油蒿为主，生物量主要由群落中的建群优势种构成，因此，群落生物量较大程度上能反映植被生长状况。生物量波动上没有其他几个比较明显。2003—2008 年生物量大小依次为 2004 年（10.41）>2003 年>

多年平均（8.17）>2007年（7.71）>2005年（7.62）>2006年（7.28）>2008年（6.17）。由于调查区域生灌木柠条、半灌木油蒿为主，灌木、半灌木生物量逐年在增加并趋于稳定。

（2）盐池沙地植物群落数量特征动态分析。表7-2中，不同年份群落中密度以2006年最高（2367.3），最低为2005年为（914.3），只有2005年、2008年两年低于多年平均值，其次依次为2003年（2365.1）>2007年（2330.1）>2004年（1873.5）>多年平均（1814.45）>2008年（1036.4）。研究区建群种以多年生半灌木为主，没有柠条、沙柳等其他灌木，因此，群落总体高度相对不是很高。2003—2008年高度在11.0~17.0cm，以2004年最高为16.32cm，2006年最低为11.24cm。

表7-2　盐池县2003—2008年植物群落特征

年份	密度（株/100m^2）	高度（cm）	盖度（%）	重量（kg/100m^2）
2003	2365.1	11.78	50.71	31.54
2004	1873.5	16.32	59.07	39.55
2005	914.3	14.74	32.25	25.78
2006	2367.3	11.24	45.30	22.68
2007	2330.1	13.18	52.54	25.97
2008	1036.4	13.76	24.87	19.22
平均	1814.45	13.50	44.12	27.46

群落中盖度只有2004年、2007年大于多年平均值40.33%，其他4年均低于多年平均值，以2007年盖度最高为62.28%，以2008年最低为16.96%。研究区建群种以多年生半灌木为主，生物量主要由群落中的建群优势种构成，因此，群落生物量较大程度上能反映植被生长状况。生物量波动上没有其他几个比较明显。2003—2008年生物量依次为2004年（10.41）>2003年>多年平均（8.17）>2007年（7.71）>2005年（7.62）>2006年（7.28）>2008年（6.17）。

相比于植被盖度、平均高度、密度等数量指标，生物量更能较好地反映植被生长状况，这是因为生物量主要由建群种和优势种构成。从表7-3中可以看出，2003—2008年，盐池县植被生物量呈现先上升后下降，最后水平震荡的趋势，在2004年达到最大水平，从2005年开始基本维持在2000kg/hm^{2}至2500kg/hm^2。生物量在2004年显著增长体现了全县禁牧政策带来的积极效应，此后随着群落结构稳定、降水量以及人为活动等多方面因素的共同作用，生物量基本维持在相对较高水平。

　　沙地植被高度、群落密度等数量特征指标在草地研究中偶然性很大，受调查前期降水量影响尤为严重，如果调查前期降水量较大，大量一年生植被迅速增长，当年植被密度显著增大，反之亦然。植被覆盖度和植被高度的变化可以反映出植被生长状况，但影响较小，另外，由于调查过程中随机采样及人为因素对植被高度和植被覆盖度影响较大。

　　2. 植物群落数量特征分析

　　（1）沙坡头植物群落数量特征。从表7-3中可以看出，多样性指数在1.5~2.0波动，最大在2006年为1.9407，最小在2004年为1.5335，其次依次为2007年（1.9356）>2008年（1.7587）>2003年（1.6632）>2005年（1.5925）。群落均匀度指数在0.7~1.0波动，波动幅度较小，最大在2008年为0.9038，最小在2004年为0.6979。生态优势度指数在5.1~7.5波动，最大在2007年为7.4850，最小在2004年为5.1177。

表7-3　中卫沙坡头2003—2008年植物群落数量特征

年份	Shannon-Wiener	Pielou	Simpson
2003	1.6632	0.7998	5.7334
2004	1.5335	0.6979	5.1177
2005	1.5925	0.8184	5.2826
2006	1.9407	0.8428	7.2833
2007	1.9356	0.8406	7.4850
2008	1.7587	0.9038	6.0168

　　中卫沙地Shannon-Wiener多样性指数大体呈现水平震荡趋势。其中，在2006年多样性指数相对较高，这与当年中卫沙地建群种以多年生灌木柠条、半灌木油蒿为主，生物量主要由群落中的建群优势种构成。一年生草本植物的长势好坏与当年降水量有直接关系，2007年为典型丰水年，大量一年生草本植物的生长抑制了多年生草本植物的生长，因此多样性指数较高。

　　群落均匀度基本保持上升的趋势，这主要是群落中物种数逐渐增加的趋势造成，反映了群落生长向好的方向发展。这得益于沙坡头管理区封闭的环境给植被恢复提供的良好的、稳定的外界环境。说明封育确实是半干旱地区草地植被恢复的有效措施。

　　生态优势度指数最小的年份为2004年，2004年降水量只有2003年的一半，在这种情况下，一年生草本植物长势较差，生态优势度下降。2005年中卫降水量仅有 56.8mm 是典型的枯水年，多年生抗旱植被的优势地位得到显现，因此 2005 年生态优势度较上年大。由于中卫年降水量少于盐池，而且中卫调查地点沙化严重，一年生草本植物没有对多年生灌木、半灌木植物的优势地位造成太多威胁。

（2）盐池县植物群落数量特征。从表 7-4 中可以看出，盐池县平均多样性指数在 2.27~2.59 波动，指数最大的年份出现在 2007 年，指数最小的年份出现在 2006 年；生态优势度指数最大的年份出现在 2005 年，指数最小的年份出现在 2007 年；群落均匀度指数基本在 0.60 左右小幅震动，指数最大年份出现在 2007 年为 0.6336，指数最小年份出现在 2006 年为 0.5178。从盐池县整体来看，群落结构指数波幅较小。

表 7-4　盐池 2003—2008 年植物群落数量特征

年份	Shannon-Wiener	Pielou	Simpson
2003	2.5436	0.5932	11.03
2004	2.5624	0.5865	10.89
2005	2.4556	0.6035	11.54
2006	2.3312	0.5178	10.23
2007	2.5902	0.6336	8.66
2008	2.4831	0.5845	10.50

盐池县草地 Shannon-Wiener 多样性指数大体呈现水平震荡趋势。其中，在 2007 年多样性指数相对较高，这与当年盐池县的降水量较大有关系，由于半干旱地区草地以一年生草本植物为主，而一年生草本植物的长势好坏与当年降水量有直接关系，2007 年为典型丰水年，大量一年生草本植物的生长抑制了多年生草本植物的生长，因此多样性指数较高。另外，从指数水平震荡的角度看，可以看出，全县封育措施的实施有效避免了外界人为干扰对植被恢复的影响，草地恢复状况仅在降水量的影响下小幅度震荡。

生态优势度指数最小的年份为 2007 年，2005 年是盐池县近十年来典型的枯水年，降水量仅有 180mm，在这种情况下，一年生草本植物长势较差，多年生抗旱植被的优势地位得到显现，因此 2005 年盐池县草地的生态优势度均值较大。而生态优势度最小的年份为 2007 年，这也是由于降水量的影响，由于该年份降水量较大，一年生草本植物的大量生长削弱了多年生草本植物的优势地位，拉低了生态优势度指数。

群落均匀度基本保持水平震荡，这说明植被分布较为均匀，反映了群落生长的稳定性，这得益于盐池县的全县封育政策给植被恢复提供的良好的、稳定的外界环境。说明封育确实是半干旱地区草地植被恢复的有效措施。

综合以上分析，中卫、盐池植被群落特征指数变化趋势虽然有所不同，但基本上趋于稳定状态，这说明无论是封闭还是封育都会给植被恢复提供了良好的条件，依靠草场的自恢复能力达到了自身与外界环境的动态平衡。

3. 植被数量波动

（1）两地植被数量波动。研究区域2003—2008年草地波动率如表7-5所示。植被波动率即波动程度，一定程度上反映了该年度植被生长状况。以植被波动率"0"将波动率划分为正向波动和负向波动，波动率大于0为正向波动，表明植被生长好于正常年；波动率小于0表示为负向波动，表明植被生长状况较正常年差。

表7-5　2003—2008沙地植被波动率与降水量统计

年份	项目	2003	2004	2005	2006	2007	2008
中卫	波动率	0.0576	0.1105	-0.1208	0.0232	0.0748	-0.1449
盐池		0.0351	0.1946	-0.1522	-0.0897	0.2741	-0.2621
中卫	降水量	283.4	125.5	56.8	152.0	263.6	152.5
盐池		293.9	282.0	194.7	212.1	284.1	266.7

从表7-5可以看出，盐池正向波动以2004年最好波动率为0.1105，其次为2007年0.0748，2003年为0.0576，2006年为0.0232；负向波动最大是2008年为-0.1449，其次2005为-0.1208。中卫正向波动以2007年最好波动率为0.2741，其次2004年为0.0748，2003年为0.0351；负向波动最大是2008年为-0.2621，其次2005为-0.1522，2006年为-0.0897。

一般而言，波动率大于0，波动率越大植被生长状况越好；反之，植被波动率小于0的年份植被生长状况较差，波动率负向值越大，植被生长状况越差。通过趋势图7-1可以看出，中卫和盐池两地植被波动趋势一致，盐池沙地植被波动幅度小于中卫沙地植被。

（2）植被数量波动与降水量关系。降水量的多少已被普遍证明是荒漠化地区植被生长的最主要影响因子之一。沙漠化地区植被由于地理位置特殊，生态环境脆弱，植被随其气候的波动特征十分明显。影响草地植被波动的主要因子为降水。所以，这在一定程度上表明植被波动强度能较好地反映荒漠化地区植被生长情况。中卫、盐池两地2003—2008年植被波动强度曲线与降水量曲线基本一致（图7-1、图7-2），盐池正向波动以2004年最好波动率为0.1105，降水量为

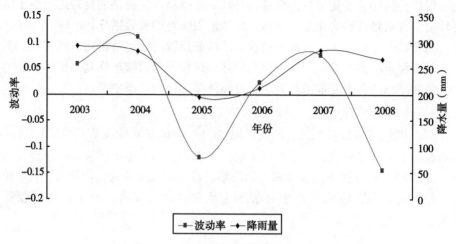

图7-1 盐池植被波动与降水量趋势

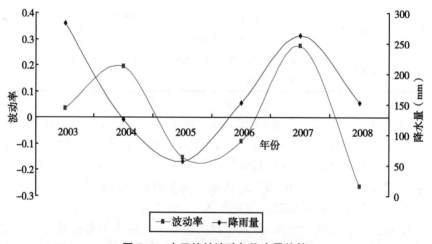

图7-2 中卫植被波动与降水量趋势

282.0mm；负向波动最大是2008年为-0.1449，降水量为266.7mm。中卫正向波动以2007年最好波动率为0.2741，降水量为263.6mm；负向波动最大是2008年为-0.2621，降水量为152.5mm。中卫平均降水量为168.73mm，低于盐池平均降水量249.80mm，中卫植被波动率也低于盐池（表7-5）。说明植被波动强度曲线在一定程度上能够反映宁夏主要沙地草地植被的生长状况。

4. 结论与讨论

（1）植被波动是植被动态的一种表现形式，盐池正向波动以2004年最好波动率为 0.1105，负向波动最大是 2008 年为 -0.1449。中卫正向波动以 2007 年最好波动率为 0.2741，负向波动最大是 2008 年为 -0.2621。中卫和盐池两地植被波动趋势一致，盐池沙地植被波动幅度小于中卫沙地植被。降水量的多少已被普遍证明是沙漠化地区植被生长的最主要影响因子，植被波动强度曲线与调查降水量曲线基本一致，表明植被波动强度曲线能够较好的反映宁夏两个主要沙地植被的生长状况。因此，生态环境因子与气候因子相结合才能更好地评价宁夏主要沙地植被波动。

（2）基于生态学、统计学，结合宁夏沙质草地植被的脆弱性、边缘性等特征，进行植被波动强度的研究，这是一种较为简便快速的统计方法。本文研究对象宁夏中卫沙坡头、盐池县沙地生态环境不稳定且比较脆弱，与其他沙漠化地区植被相比，研究结果更具有典型性。

（3）尽管植被波动趋势与降水量趋势一致，但在同步性上存在一定差异，有些降水量大的年份，波动率未必最大。首先，由于植物生长季的有效降水量在 4—8 月，所采用的降水量是全年的降水量，因此在计算精度上存在一定差异；其次，与取样点选择、植被种类、植被种群竞争等因素有关；最后，由于时间跨度上，调查人员的不同，人为因素造成误差。

（4）当前，对北方沙漠化地区植被动态学方面，系统的研究开展得较少，且研究方法多采用空间代替时间法，采用定点观测资料进行植被动态研究的较少。空间替代时间法是一种科学的植被动态学研究方法，但存在一定的不足。长期定点观测研究又由于经费、人力等困难，目前在植被动态学研究中较少使用。因此，一种省时省力更新更好的植被动态学研究方法将有可能成为今后学者的研究目标。

第八章　土壤种子库研究

土壤种子库是指存在于土壤上层凋落物和土壤中全部存活种子的总和。土壤种子库的种子是植物群落的一部分，这些种子在长时间内仍具生活力，当外部条件适宜时萌发成幼苗。土壤种子库作为地上植被潜在更新的重要种源，很大程度上决定了植被演替的进度和方向，在植被自然恢复和演替过程以及生态系统建设中起着重要作用。尤其是在环境恶劣的荒漠化地区这种作用更加明显，可以减小种群灭绝的概率。我国有关种子库的研究起步相对较晚，主要集中在森林和草原等自然生态系统，研究内容主要涉及土壤种子库的空间格局、时空动态分析、与地上植被关系、影响因素，以及种子萌发的影响因素等，近几十年来有关土壤种子库的研究一直是恢复生态学和保育生态学研究的热点和前沿课题，研究土壤种子库对退化生态系统的恢复与重建具有重要的理论和实践意义。

一、中卫沙坡头种子库研究

1. 数据处理

采用 Margalef 多样性指数、Menhiniek 多样性指数和 Shannon-Weave 多样性指数，Peilou 均匀性系数，Sorensen 的相似性系数等计算种子库物种丰富度、物种多样性指数和相似性，算式为：

土壤种子库和地上植被的相似性：采用 Sorensen 的相似性系数。

$$S = 2c/(a+b)$$

式中：a 为样地 A 中的物种数；b 为样地 B 中的物种数；c 为样地 A 和 B 中共有的物种数。

物种的多样性指数：

Margalef 多样性指数：$R = (S-1)/LnN$

Menhiniek 多样性指数：$D = S/\sqrt{N}$

Shannon-Weaver 多样性指数：$h = -\sum\limits_{i=1}^{S} PiLnPi$

物种的均匀性指数：

Peilou 均匀性系数：$E = H/LnS$

$$Sp = 1/\sum_{i=1}^{s}(Pi)^2$$

式中：S 为种数；N 为种的个体总数；ln 为自然对数；Pi 为第 ni 个种的可能重要性即 $Pi = ni/N$。

2. 研究区域概况

中卫沙坡头调查区域立地类型主要有流动沙地，固定、半固定沙地和丘间地。主要建群植物有油蒿（*Artemisia ordosica*）、猪毛蒿（*A. scoparia*）、沙米（*Agriophyllum pungens*）、猪毛菜（*Salsola collina*）、苦豆子（*Sophra alopecuroides*）、雾冰藜（*Bassia dasyphylla*）、虫实（*Corispermum L.*）等。主要造林树种有杨树、沙柳、柠条、沙枣、红柳等。

由于荒漠区生态环境的特殊性及种子本身的生物学特性，使部分种子散落到土壤后暂时处于休眠状态，一旦环境发生改变，水热条件适宜即可萌发出苗，形成优势种群，促进植物群落的更新和演替。因此，对于已经处于沙漠化的地区来说，土壤种子库对其恢复和重建起决定性作用。

3. 中卫沙坡头种子库

从表 8-1 中可以看出，Shannon-Weaver 指数在 1.2~1.7 波动，最大为 2006 年，最小为 2007 年，其次依次为 2004 年（1.5286）>2005 年（1.3876）>2008 年（1.3793）>2005 年（1.3318）。Simpson 指数在 2.6~4.0 波动，最大在 2006 年为 4.8193，最小在 2008 年为 2.6709。

表 8-1 不同年份中卫种子库物种多样性

年份	Shannon-Weaver	Margalef	Pielou	D	Simpson
2003	1.3318	1.3234	0.6062	0.4381	2.8645
2004	1.5286	1.2023	0.6957	0.3231	3.9588
2005	1.3876	0.9205	0.6315	0.1167	3.3256
2006	1.6862	0.8163	0.8109	1.1099	4.8193
2007	1.2908	0.7273	0.6633	0.1132	2.9274
2008	1.3793	0.8676	0.6633	0.1416	2.6709

表 8-2 土壤种子库与地上植被的相似性

年份	植被种类	种子库	共有种	相似性
2003	8	9	6	0.7059
2004	9	9	7	0.7778

（续表）

年份	植被种类	种子库	共有种	相似性
2005	7	9	5	0.6250
2006	10	8	7	0.7778
2007	10	7	7	0.8235
2008	7	8	5	0.6667

　　土壤种子库与地上植被的相似性在 0.60~0.83（表 8-2），最大相似在 2007 年为 0.8235，最小在 2005 年为 0.6250，从而可以看出，中卫沙坡头的土壤种子库主要依靠地上植被的种子掉落。

　　地上植被与土壤种子库中的植物种类组成有密切关系：一方面，地上植被是土壤种子库中种子的来源；另一方面，土壤种子库中的种子能够直接参与地上植被的更新和演替。因此，土壤种子库及其与地上相应植被间的相似性成为近年争论的又一生态学问题。土壤种子库与地上植被的关系主要有 2 种结论，即不相似性和相似性。青藏高原高寒草甸土壤种子库和地上植被不具有明显相关性，相似性系数在 40%左右；随着退化，种子库与地上植被的相似性增强，其相似性系数的平均值达到 62%。DCA 分析表明种子库和地上植被在物种组成上具有明显差异，种子库在物种组成上没有显著差异。科尔沁沙质草地放牧和围封草地土壤种子库密度与地上植被密度均存在显著相关性（$P<0.001$）。云雾山草地土壤种子库物种组成与地上植物结构具有较强相似性。对浑善达克沙地南缘沙化草地实施围栏封育，可显著提高土壤种子库与地上植被的物种丰富度；不同围封年限间，二者在植被群落组成上均表现出较高相似性，且相邻阶段相似性较高，随围封年限差异的增加，相似性逐渐减小。

　　研究表明，土壤种子库密度随沙漠化程度的增加而下降，且不同沙漠化发展阶段下降速率不同，从固定到半固定沙地是种子库密度衰减最快的时期；土壤种子库植物种数从固定到半流动沙地变化很小，半流动到流动沙地衰减速度明显加快，是种子库植物种数衰减最快的时期。另外，荒漠草地沙漠化过程中地上植被与土壤种子库物种多样性的衰减模式存在明显差异，随着草地沙漠化程度的增加，地上植被与土壤种子库的共有种数逐渐减少，地上与土壤种子库群落组成上的相异性逐渐增大。也有研究表明，在干旱荒漠区，由于沙漠化造成的地下水位下降可以通过影响地上植被的种类和组成从而影响土壤种子库的数量和组成，导致种子库密度减少、物种多样性下降、生活型逐渐单一和与地上植被的相似性系数逐渐降低等现象。

二、盐池县土壤种子库研究

1. 试验研究

于 2006—2007 年，分别在封育 1 年、封育 3 年、封育 6 年的研究区内按不同方向设置 100m 样线 5 条，每 10m 设置一个 1m×1m 的样方，调查每个样方中的植被盖度、密度、频度和高度，并在每个样方中做好标记，于每年 3—4 月用自制的 10cm×10cm 的种子库取样器在每个小样方内分 0~5cm 和 6~10cm 两层取土样。然后把带回试验室的土样，用孔径 0.3mm 的土壤筛过筛，并将筛取的土样充分混匀以供萌发。选用 15cm×13cm 花盆做发芽床，装填无植物种子的沙土做基垫。取适量筛取土样平铺于花盆表层，适当浇水保持土壤湿润。观察并将记录种子萌发情况，对能鉴别出的植物拔除，分类统计。

2. 结果与分析

（1）土壤种子库的物种组成。图 8-1 表明，在 0~5cm 土壤中，封育 1 年样地共统计到 5 种植物，分别为：地锦（*Euphorbia humifusa*）、狗尾草（*Setaria viridis*）、猪毛菜（*Salsola collina*）、铁杆蒿（*Artemisia vulgare*）、画眉草

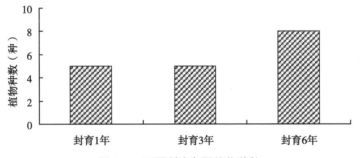

图 8-1 不同封育年限植物种数

（*Eragrostis pilos*）；封育 3 年样地共统计到 5 种植物，分别为：牛枝子（*Lespedeza potaninii*）、狗尾草（*Setaria viridis*）、远志（*Polygala tenuifoliaceae*）、画眉草（*Eragrostis pilos*）、白草（*Pennisetum centrasiaticum*）；封育 6 年样地共统计到 8 种植物，分别为：牛枝子（*Lespedeza potaninii*）、白沙蒿（*Artemisia sphaerocephala*）、狗尾草（*Setaria viridis*）、铁杆蒿（*Artemisia vulgare*）、画眉草（*Eragrostis pilos*）、草木樨状黄芪（*Astragalus Melilotoides*）、白草（*Pennisetum centrasiaticum*）、远志（*Polygala tenuifoliaceae*）。其中，封育 1 年的样地中的植物分属 4 科，禾本科、菊科、大戟科、藜科，禾本科所占比例较高为 40%，其他科均为 20%；封育 3 年的

样地中的植物分属 3 科，豆科、禾本科、远志科，禾本科所占比例较高为 60%，豆科和远志科较低均为 20%；封育 6 年的样地统计到的 8 种植物分属 4 科，豆科、禾本科、菊科、远志科，禾本科所占比例较高为 37.5%，豆科和菊科次之均为 25%，远志科较少为 12.5%。在 6~10cm 土壤中，种子的萌发较少，封育 6 年的样地统计到了豆科和禾本科的各一种植物萌发，封育 3 年和 1 年的样地没有种子萌发。由此说明，在宁夏荒漠草原随封育年限的增加，豆科植物所占的比例逐渐增加，土壤种子库中的植物种数也在增加；随土层深度的增加，土壤种子库的植物种数减少。

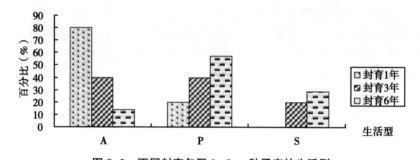

图 8-2　不同封育年限 0~5cm 种子库的生活型

注：图中 A 为一年生草本植物；P 为多年生草本植物；S 为灌木。

生活型的分析表明（图 8-2）：在 0~5cm 土层中，封育时间的增加对植物生活型的影响较为明显，随封育年限的增加，一年生草本植物所占的比例呈逐渐减少的趋势，多年生草本植物的比例逐渐增加，半灌木或灌木的比例逐渐增加。在封育 1 年、3 年及 6 年样地的植物种中，一年生草本植物所占的比例分别为 80%、40%、14%；多年生草本植物所占的比例分别为 20%、40%、57%；半灌木或灌木所占的比例为 0、20%、29%。在 6~10cm 土层中，封育 6 年的植物生活型主要为多年生植物和半灌木。

（2）土壤种子库的数量特征。土壤种子库的大小是指单位面积土壤内所含的有活力的种子数量。封育不同年限的土壤种子库密度不同，土壤种子库的密度随封育时间的增加而增加，在垂直分布上，随土层深度的增加单位面积的种子数量减少，种子主要分布于 0~5cm 土层，6~10cm 土层中种子很少。0~5cm 土层封育 1 年、3 年及 6 年的土壤种子库密度分别为 983 粒/m²、1000 粒/m²、1067粒/m²，6~10cm 土层封育 1 年、3 年及 6 年的土壤种子库密度分别为 0 粒/m²、0 粒/m²、250 粒/m²。由此说明，宁夏荒漠草原的土壤种子库主要存在于 0~5cm 土层中。

3. 种子库物种多样性

在 0~5cm 土层中，封育使土壤种子库的物种多样性和丰富度明显增加，并随封育年限的增加而增加。从表 8-3 中可看出，封育 6 年样地的物种数高于封育 3 年和封育 1 年，封育 6 年样地的 Margalef 指数、Menhiniek 指数、Shannon - Weaver 指数、Pielou 指数均高于封育 3 年和封育 1 年样地（表 8-3）。

表 8-3 不同封育年限草原 0~5cm 的种子库物种多样性

封育年限	物种数	Margalef 指数	Menhiniek 指数	Shannon-Weaver 指数	Pielou 指数
封育 1 年	5	0.96	0.6202	1.1953	0.7427
封育 3 年	5	1.05	0.7454	1.5314	0.9515
封育 6 年	8	1.65	0.9562	1.6301	0.7839

4. 土壤种子库与地上植被的相似性

表 8-4 0~5cm 土层相似性系数计算

封育年限	地上物种数	种子库物种数	共有种	相似性系数
封育 1 年	20	5	2	0.1600
封育 3 年	29	5	3	0.1765
封育 6 年	30	10	10	0.5000

从 8-4 表可看出：在 0~5cm 土层，随封育年限的增加土壤种子库与地上植被的相似性程度逐渐增加，封育 6 年的最高，封育 3 年次之，封育 1 年最低，封育 1 年、封育 3 年、封育 6 年样地土壤种子库与地上植被的 Sorensen 相似性系数分别为 0.16、0.1765、0.5。

表 8-5 6~10cm 土层相似性系数计算

封育年限	地上物种数	种子库物种数	共有种	相似性系数
封育 1 年	20	0	0	0.0000
封育 3 年	29	0	0	0.0000
封育 6 年	30	2	2	0.1250

表 8-5，在 6~10cm 土层，封育 6 年样地的土壤种子库与地上植被的相似性较低，Sorensen 相似性系数为 0.125。

5. 结论

（1）在 0~10cm 土层中，种子萌发主要集中在 0~5cm 土层中，6~10cm 土层种子萌发较少。0~5cm 土层中，封育对宁夏荒漠草原土壤种子库的物种组成和植物种数有较大影响，随封育年限的增加可明显增加土壤种子库中的豆科植被所占的比例，植物的种数也明显增加；随封育年限的增加，一年生草本植物所占的比例呈逐渐减少的趋势，多年生草本植物的比例逐渐增加，半灌木或灌木的比例逐渐增加。随土层深度的增加，土壤种子库的植物种数减少。

（2）目前，许多研究者认为土壤种子库垂直分布的规律为：土壤种子库主要分布于 0~5cm 的土层，5~15cm 的土层中种子含量较少。本研究也得出了相同的结论：在垂直分布上，随土层深度的增加单位面积的种子数量减少，种子主要分布于 0~5cm 土层，6~10cm 土层中种子很少；封育不同年限的土壤种子库密度不同，土壤种子库的密度随封育时间的增加而增加。

（3）苏楞高娃研究了封育对沙化典型草原土壤种子库的影响后认为：封育使土壤种子库的物种多样性及丰富度增加。本研究也得出了一致的结论，在 0~5cm 土层中，封育使土壤种子库的物种多样性和丰富度明显增加，并随封育年限的增加而增加。

（4）土壤种子库与地上植被的关系主要有两种结论，即不相似性和相似性。在宁夏荒漠草原 0~5cm 土层和 6~10cm 土层中，土壤种子库和地上植被的相似性都较低，并且，在 0~5cm 土层，随封育年限的增加土壤种子库与地上植被的相似性程度逐渐增加，封育 6 年的最高，封育 3 年次之，封育 1 年最低。

三、研究展望

近年来，国内外研究者在对其他生态系统种子库研究的基础上，对荒漠区种子库的研究也逐渐重视起来，但很多理论和研究方法还不够成熟，笔者认为在未来的研究中应从以下几个方面展开。

（1）持久土壤种子库的研究。持久种子库在植被承受干扰后的恢复中常常起关键作用。在严酷荒漠气候条件下种子库对缓冲物种灭绝具有重要作用，在干扰恢复的过程中经常起关键作用的持久种子库在植被管理和重建中也具有重要作用。因此，对于在荒漠区具有持久土壤种子库的植物的研究对荒漠区的恢复具有指导性的意义。

（2）大尺度的气候变化对荒漠区土壤种子库的作用。在全球变化的大环境下，气候环境因子如温度、降水等不可避免地会发生变化，土地利用方式也随之改变，荒漠土壤种子库对其会有特殊的敏感性和反馈模式。所以，研究大环境变化对荒漠土壤种子库和地上植被的影响是必要的。

（3）对于干旱荒漠区，有关植冠种子库的研究不平衡，国内对于荒漠区植冠种子库的研究甚少。另外，应加强对荒漠地区具有植冠种子库植物的种子库动态和植冠种子库在风沙区的生态学意义及其对生态恢复的作用的研究。

第九章　宁夏主要沙地风蚀特征研究

风蚀（wind erosion）即风力侵蚀，是指一定风速的气流作用于土壤或土壤母质，而使土壤颗粒发生位移，造成土壤结构破坏、土壤物质损失的过程，是塑造地球景观的基本地貌过程之一，也是发生于干旱、半干旱地区及部分半湿润地区土地沙漠化的首要环节。土壤风蚀是狭义的风蚀概念，他是指松散的土壤物质被风吹起、搬运和堆积的过程以及地表物质受到风吹起的颗粒的磨蚀过程，其实质是在风力的作用下使表层土壤中细颗粒和营养物质的吹蚀、搬运与沉积的过程。这一过程直接的生态后果表现为：一是造成表土层大量富含营养元素的细微颗粒的损失，致使农田表土层粗化、土壤肥力下降和土地生产力衰退；二是土壤风蚀过程中会产生大量的气溶胶颗粒，这些颗粒悬浮于大气中，是造成所在地区乃至周边地区沙尘天气出现的沙尘源。土壤风蚀是一个综合的自然地理过程，其中包括气候、植被、土壤、地形地貌等多种因子。这些因子发生变化，会导致土壤风蚀程度乃至方向的变化。由于风蚀，土壤颗粒在空间上重新分布和分选，可能对所作用到的土壤、与土壤有关的微地形和任何与该土壤有关的农业活动都产生深刻的影响。

针对宁夏中部干旱带土壤风蚀严重、沙尘暴频发等生态问题，分别选择典型压砂地、流动沙地、人工灌木林地、沙质旱作传统翻耕农田和封育天然草场5种风蚀环境为研究对象，在不同沙尘危害程度下多个典型大风日内，开展压砂对近地表风沙结构和抗风蚀性能的干预及其与其他典型风蚀环境的空间差异性对比研究，为探索和量化不同风蚀环境风蚀特征及抗风蚀性能，对人们正确认识风蚀沙源，改变传统土地资源利用模式，改善当地生态环境提供科学指导依据。

一、研究区概况与研究方法

1. 风蚀环境典型区域的选择和自然概况调查

分别选择当地代表性的压砂地、流动沙地、人工灌木林地、沙质旱作传统翻耕农田和封育天然草场5种典型的景观地貌为研究对象。其中，压砂地选择在宁夏中部干旱带中卫兴仁镇景寨村；流动沙地、人工灌木林地、沙质旱作传统翻耕农田和封育天然草场观测区均设在宁夏盐池县王乐井乡鸦儿沟村。

（1）压砂地自然概况。压砂地选择在宁夏中部干旱带中卫兴仁镇景寨村，属宁夏中部干旱带压砂地分布核心区域。该区域位于东经104°59′～105°90′，北纬36°95′～37°29′，是黄土高原典型的旱作农业分布区，也是宁夏中部干旱带的重要组成部分。降水稀少，光照充足，有效积温高，年降水量179.6～247.4mm，年均蒸发量2100～2400mm，年平均风速2.3m/s，年均大风日数30.2d，年均日照时数2800～3000h，≥10℃的有效积温2500～3200℃，无霜期140～170d，昼夜温差在12～16℃，昼夜温差大，地面逆辐射强的功效，适于瓜类生产。

（2）试验观测区基本概况。流动沙地、人工灌木林地、沙质旱作传统翻耕农田和封育天然草场观测区均设在宁夏盐池县王乐井乡鸦儿沟村。该区域地处宁夏中东部干旱风沙区，属鄂尔多斯台地中南部、毛乌素沙地西南缘，为宁夏中部干旱带的主要组成部分，主要以天然降水量为主要农业水资源来源的旱农作为主。属干旱半干旱气候带。年降水量230～300mm，降水量年变率大，潜在蒸发量2100mm，干燥度3.1；年均气温7.6℃，年温差31.2℃，≥10℃积温2944.9℃，无霜期138d；年均风速2.8m/s，年均大风日数25.2d，主害风为西北风、南风次之，俗有"一年一场风，从春刮到冬"之说；土壤以灰钙土和沙土为主，主要自然灾害为春夏旱和沙尘暴。农业发展相对滞后，种植结构单一，区域经济薄弱。农作物主要水源为地下井水和雨养农业二种，其中雨养农业约占农耕地的70%以上。

2. 风力主要特征的测定

（1）风速测定。在各立地类型选择好的供试样地中，分别采用手持风DEM6型轻便三杯风向风速仪测得0.5m、2m不同高度风速，每组重复10次，取其平均数。

（2）风的速度脉动特征分析。风的速度脉动特征可以用阵性度表示：

$$g = (U_{\max} - U_{\min})/u$$

式中 u 为观测层内的风速。

3. 下垫面粗糙度与摩阻速度的测定

（1）下垫面粗糙度的测定。地表粗糙度有多种计算方法，本文采用以下公式对地表粗糙度进行计算：

$$\lg K = (\lg Z_2 - A\lg Z_1)/(1 - A)$$

式中：$A = V_2/V_1$，其中 V_2 和 V_1 分别表示高度为 Z_2（2.0m）和 Z_1（0.5m）处的风速，K 值即为下垫面粗糙度。

（2）摩阻速度的测定。

u_* 通过测定任意两个高处（0.5m 和 2.0m）的风速计算而得，公式如下：

$$u_* = \frac{v_{200} - v_{50}}{5.75 \times \lg \dfrac{200}{50}}$$

4. 输沙量的观测

分别采用诱捕测定法和集沙仪测定法，综合分析评价不同观测区土壤可蚀性差异。将不同景观地貌的不同监测高度收集到的沙粒，吹沙结束后，将各接沙仪截获的沙尘用感量 0.01g 的天平称重，获得各处理高度的输沙量。将样本带回室内分析沙尘粒径和集沙量。观测时，将集沙容器或集沙仪放置到野外后，待集沙过程结束，收回整个集沙仪，对每个集沙袋进行逐一取样分析。分述如下：

（1）诱捕测定法。在各观测地内选择平整且保证具有原始地被物覆盖的基础上，同时放置集沙容器（3 次重复），放置时要保证容器口与地表持平，待有

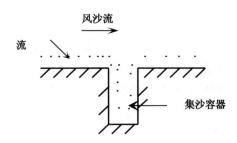

图 9-1　诱捕测定法主要试验原理

风蚀现象时容器对过境沙粒进行收集。期间及时观察收集情况，当集沙量体积接近容器容积一半时及时收集该容器的沙粒，并进行称量，累加记录后对比衡量不同立地类型土壤风蚀量（如图 9-1）。

（2）集沙仪测定法。选用的集沙仪参照"中农"沙尘采集仪设计，主要由采沙器、支撑架、尾板、支撑杆和固定栓组成。支撑杆每隔 50cm 装一个采沙器。集沙仪实地布设见图 9-2。

大风日过后（3—5 月），收集 5 种风蚀地貌（每种风蚀环境重复 3 次）不同监测高度的沙粒，用天平称重（0.01g）。

5. 沙粒粒径分析

采用标准分析筛 XZS-300 对收集到的沙粒进行了分级，分别采用孔径为 1.0mm（18 目）、0.5mm（35 目）、0.3mm（60 目）、0.2mm（80 目）、

图 9-2 试验观测地

0.125mm（120目）、0.098mm（160目）、0.074mm（200目）、0.063mm（250目）、0.050mm（300目）、共9种土壤分级筛，经充分筛选后，利用0.01g电子天平逐一进行称量。

6. 土壤紧实度测定

本试验采用 SC-900-土壤紧实度仪对5种风蚀环境分别进行了地表紧实度测定，测定深度为10英寸（约25.40cm）。

7. 地被物（植物及其残存物）调查

地被物是影响地表风蚀量的关键因素之一，特别是冬春风季，一些特定地貌，地被物的多少可能会直接决定该地段风蚀程度。在实际调查中，参照农田杂草和灌木林地植被调查方法进行实测。其中，天然草场采用样方法（1m×1m）测定各个观测点的盖度、密度、株高、生物量等。灌木林地、流动沙地采用样线法（10m），测定样方内每株灌木的株高、盖度、密度、生物量等。

二、研究结果

1. 风蚀环境风蚀指标的监测与分析

（1）不同风蚀地貌风速。风是引起土壤风蚀的最直接的动力，风速是表征风力大小的一个重要指标，它决定了气流侵蚀动能的大小。从地表侵蚀的角度来看，按照风速的大小可以把风分为非侵蚀风和可蚀风两种，当风速很小时，风的能量不足以使土壤颗粒产生运动，这种风叫非侵蚀风；如果风速逐渐增大，达到一定值时，风能就能够使土壤颗粒开始运动。这时的风速称为临界起动风速，把大于临界起动风速的风统称为可蚀风。风速越大，其风蚀搬运能力越强。

风速虽然一般具有明显的阵发性和即时性，但不同立地类型由于不同地表覆被物对过境风速的直接作用，对不同高度风速的干扰强度是不尽相同的，一般会表现在对不同高度风速比的影响上。

我们于 2014 年 5 月上旬，利用 DEM6 型轻便三杯风向风速表，对试验涉及的各类景观地貌，在 50cm 和 200cm 两观测高度，同时观测不同高度的风速值，每处理重复观测 10 次，测定记录后参照计算公式算出各下垫面的平均风速及其不同观测高度风速比，为进一步计算下垫面的粗糙度、摩阻速度等相关风蚀参数提供基础数据。不同风蚀地貌风速测定结果见表 9-1。

表 9-1　不同风蚀地貌风速测定结果

景观地貌	观测高度 (cm)	观测风速 V/（m/s）											风速比 A （V_{200}/V_{50}）
		V_1	V_2	V_3	V_4	V_5	V_6	V_7	V_8	V_9	V_{10}	v	
压砂农田	50	1.90	1.20	0.30	3.80	2.60	1.20	3.00	2.60	2.50	2.00	2.11	1.256
	200	2.00	1.80	0.40	4.40	3.00	1.80	4.00	3.90	2.80	2.40	2.65	
翻耕农田	50	3.70	4.40	4.20	4.10	3.50	4.20	3.70	3.70	4.05	4.00	3.96	1.177
	200	4.80	5.40	4.50	4.25	4.25	5.00	4.20	4.80	4.80	4.60	4.66	
灌木林地	50	1.10	1.40	1.30	1.00	0.90	0.11	0.70	0.90	0.42	0.60	0.84	2.012
	200	2.00	2.40	2.40	2.20	1.40	1.20	1.50	1.90	0.90	1.00	1.69	
封育草场	50	0.60	0.95	0.95	0.80	0.82	1.15	1.15	0.96	1.22	0.95		1.442
	200	1.05	1.20	1.20	1.15	1.10	1.65	1.60	1.50	1.85	1.37		
流动沙地	50	2.90	3.30	3.30	2.28	1.50	1.90	2.60	1.70	0.90	0.80	2.12	1.157
	200	3.10	3.70	3.80	3.10	1.50	1.90	3.00	2.10	1.10	1.20	2.45	

从表 9-1 可以看出，灌木林地风速比（V200/V50）最高，为 2.012，其次为封育草场 1.442，流动沙地最小，为 1.157，说明灌木林地的对风速的干扰作用较强，流动沙地则最小。

（2）风的速度脉动特征。由表9-2可知，不同观测高度下，不同风蚀地貌风的速度脉动差异性较为明显。其中灌木林地，50cm和200cm观测高度上风的速度脉动比值最大，达1.315，说明其受地表植被影响最大，其次分别为封育草场、压砂农田、流动沙地，翻耕农田比值最小，仅为0.885，说明翻耕农田对风力干扰程度较小，防风蚀效果差。

表9-2　不同风蚀地貌风的速度脉动特征结果

不同风蚀地貌	观测高度（cm）	速度脉动特征（g）	特征值比（g_{50}/g_{200}）
压砂农田	50	1.66	1.099
	200	1.51	
翻耕农田	50	0.23	0.885
	200	0.26	
灌木林地	50	1.17	1.315
	200	0.89	
封育草场	50	0.65	1.121
	200	0.58	
流动沙地	50	1.18	1.073
	200	1.1	

（3）下垫面粗糙度和摩阻速度。粗糙度指平均风速减小到零的某一几何高度，是下垫面特征的一个重要参数，一个衡量防沙治沙效益的重要指标，反映了不同下垫面所特有的性质。粗糙度体现了地面结构的特征，地面越粗糙，摩擦阻力就越大，相应地风速的零点高度就越高，这样隔绝风蚀不起沙的作用就越大。因此，粗糙度是衡量不同土地利用类型地表可蚀性的间接指标之一，用以描述不同下垫面对近地面层气流的不同阻碍作用。

摩阻速度可以表示作用于土壤表面的风力，临界摩阻速度表示土壤表面的抗蚀力，是土壤颗粒开始运动时的风速。风蚀是摩阻速度大于临界摩阻速度时推动土壤表面颗粒发生运动的过程。风的摩阻速度越高，临界摩阻速度值越低，则表明临界地表遮挡率越低。

表9-3　不同风蚀地貌下垫面粗糙度和摩阻速度测定结果

不同风蚀地貌	植被高度（cm）	下垫面的粗糙度 Z_0（cm）	摩阻速度 u*（m/s）	临界摩阻速度 U*c（m/s）
压砂农田	—	0.223	0.156	5.290
翻耕农田	—	0.020	0.202	4.880

（续表）

不同风蚀地貌	植被高度 （cm）	下垫面的粗糙度 Z_0（cm）	摩阻速度 u* （m/s）	临界摩阻速度 U*c（m/s）
灌木林地	47.72	12.706	0.246	4.620
封育草场	15.06	2.173	0.121	4.360
流动沙地	2.00	0.007	0.095	4.500

从 9-3 表可以看出，流动沙地下垫面粗糙度最小，仅为 0.007cm，翻耕农田次之，为 0.020cm，灌木林地最高，达到了 12.706cm，是流动沙地的 1815 倍，封育草场下垫面粗糙度也较高，为 2.173cm，是流动沙地的 310 倍，说明灌木林地、封育草场抗风性能高于流动沙地，是退化沙地行之有效的防风固沙的人工修复措施。另外，压砂农田的临界摩阻速度最大，为 5.290m/s，而流动沙地的最小，为 4.500m/s。

（4）集沙量测试分析。诱捕法表明（表 9-4、表 9-5），5 种风蚀地貌集沙量差异性非常明显，以流动沙地集沙量最多，为 789.96g。翻耕农田次之，灌木林地的集沙量最小，仅为 0.30g。集沙仪法表明：5 种风蚀环境中，随着集沙高度的上升，集沙量逐渐减少，流动沙丘的集沙量最多，为 460.70g，压砂农田次之，翻耕农田为 2.07g，灌木林地的最小。由此可知，流动沙地和翻耕农田均是当地沙尘主要来源，是防沙治沙工作的重点对象。

表 9-4　诱捕法测定 5 种风蚀环境集沙量

风蚀地貌	集沙量（g）						均值
	3—4 月			4—5 月			
	1	2	3	1	2	3	
压砂地	0.55	0.09	0.13	0.90	0.42	0.62	0.45
翻耕农田	1.13	2.26	0.68	0.04	2.34	2.30	1.46
灌木林地	0.15	0.66	0.28	0.06	0.33	0.29	0.30
封育草场	0.29	0.64	0.08	1.63	2.53	2.39	1.26
流动沙地	725.11	753.94	986.98	10.32	1980.84	282.56	789.96

表 9-5　集沙仪法测定 5 种风蚀环境不同高度集沙量

观测高度（cm）	5cm	50cm	100cm	150cm	200cm	合计（g）
压砂农田	1.04	0.87	0.63	0.49	0.13	3.16
翻耕农田	1.53	0.20	0.22	0.12	<0.01	2.07

（续表）

观测高度（cm）	5cm	50cm	100cm	150cm	200cm	合计（g）
灌木林地	0.14	0.13	0.10	0.05	<0.01	0.42
封育草场	0.91	0.10	0.19	0.01	<0.01	1.21
流动沙地	460.35	0.11	0.19	0.01	0.04	460.70

（5）沙粒粒径分析。结果表明：压砂农田沙粒粒径最粗，主要集中在0.3~0.5mm，这主要是由于压砂覆盖特点所决定的，这对有效提高地表抗风蚀性能作用明显；流动沙地沙粒粒径大小次之，主要集中在0.125mm左右，灌木林地集中在0.098mm左右，翻耕农田的相对较细，以0.074mm左右为主，这与风力较长时间的风蚀而导致表土粒径变粗有关；封育草场的沙粒粒径主要集中在0.074mm和0.050mm左右。

表9-6　5种风蚀环境沙粒粒径分析结果

沙粒粒径 （mm）	压砂农田 （%）	翻耕农田 （%）	灌木林地 （%）	封育草场 （%）	流动沙地 （%）
1.000	0.00	0.00	0.00	0.00	0.00
0.500	14.52	1.47	3.03	1.56	0.11
0.300	11.29	2.94	6.06	1.56	3.77
0.200	6.45	1.47	15.15	15.63	36.61
0.125	8.06	19.12	1.52	1.56	49.57
0.098	3.22	4.41	31.82	0.00	2.50
0.074	8.06	42.65	7.58	28.13	5.02
0.063	3.22	14.71	10.61	6.25	0.23
0.050	4.84	13.24	15.15	29.69	0.06
<0.050	3.23	0.00	0.00	7.81	0.02

（6）植被调查。从表9-7可以看出，压砂农田和翻耕农田在初春进行，由于翻耕或风蚀作用，未发现有植被或作物残茬；灌木林地则主要以沙蒿为主，盖度可达34.8%；封育草场中猪毛蒿、骆驼蓬、冰草、老瓜头出现的频率较高，是该区域影响地表风蚀、保护地表的主要植被；而流动沙地植被仅有沙米，覆盖度较低，为4%；灌木林地具有较高的生物量，为579.0g/m²，其次为封育草场。

表9-7　5种风蚀环境植被调查分析

风蚀地貌	植物名录	密度（株/m²）	高度（cm）	盖度（%）	生物量（g/m²）
压砂农田	—	—	—	—	—
翻耕农田	—	—	—	—	—
灌木林地	沙蒿	8.5	65.0	34.8	579.0
	苦豆子	27.0	53.0	8.0	
	牛枝子	4.0	8.9	1.0	
	糙隐子草	4.0	3.0	1.0	
	沙生大戟	6.5	17.5	1.0	
	沙米	5.0	2.0	0.1	
封育草场	苦豆子	37.5	3.0	4.3	87.0
	匍根骆驼蓬	15.4	15.5	9.75	
	猪毛菜	40.0	2.0	2.2	
	猪毛蒿	78.4	2.0	8.6	
	灰黎	181.3	2.0	7.3	
	沙蒿	11.0	22.0	3.0	
	冰草	37.3	2.5	13.5	
	田旋花	1.0	4.0	1.0	
	老瓜头	1.0	32.5	10.0	
	披针叶黄华	3.0	8.0	2.0	
流动沙地	沙米	6.7	2.0	4%	4.0

（7）土壤紧实度。土壤紧实度是土壤容重的一个间接反映，地表紧实度与地表风蚀程度密切相关，当地表长期处于较低盖度的覆被率、较细颗粒组成、低含水率和低紧实度，并且无结皮保护等自然状态下，如果有强劲的风力，则很可能会产生严重的风蚀现象，因此地表紧实度也是间接衡量下垫面抗风蚀性能的一个间接指标。土壤紧实度是土壤容重的一个间接反映，地表紧实度与地表风蚀程度密切相关。

表9-8　5种风蚀环境观测区地表土壤紧实度测定　　　　　　单位：kPa

观测深度（cm）　景观地貌	压砂农田	翻耕农田	灌木林地	封育草场	流动沙地
2.54	117.67	15.17	43.67	56.33	10.83

（续表）

景观地貌 观测深度（cm）	压砂农田	翻耕农田	灌木林地	封育草场	流动沙地
5.08	159.00	25.33	81.83	65.67	29.17
7.62	198.00	41.83	109.83	81.00	43.67
10.16	120.00	40.83	136.83	98.83	51.33
12.70	109.00	45.33	155.83	109.00	52.33
15.24	87.00	79.33	174.50	116.50	49.00
17.78	73.17	175.17	200.00	136.83	65.83
20.32	65.83	247.17	194.67	187.00	79.17
22.86	75.00	303.33	193.67	226.00	81.67
25.40	63.83	405.83	219.33	263.83	87.83

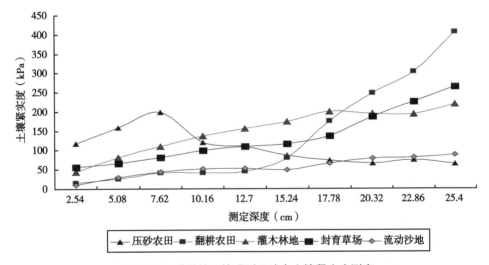

图9-3　5种风蚀环境观测区地表土壤紧实度测定

采用SC-900-土壤紧实度仪对5种风蚀环境分别进行了地表紧实度测定，结果表明，测定深度为10英寸（约25.40cm）。研究结果表明（表9-8，图9-3），压砂农田地表1英寸（约2.54cm）处紧实度最大，可达117.67kPa，封育草场次之为56.33kPa。流动沙地为最小，仅为10.83kPa，成为主要的沙源地。翻耕农田为15.17kPa，质地为沙质，翻耕农田在3—5月风季内一般不可能有较高的含水量和较好的地表覆盖率，因此他在强劲风季内会产生严重的地表风蚀现象。灌木林地，地表紧实度为43.67kPa，由于长期有良好的防护带和封育后天然植被的共同保护，在没有家畜活动的情况下，形成稳定的灌草复合结构，加上特有的生态恢复微环境促成了微生物作用，形成了近 3～5mm 左右的结皮，因此在一般的自然风蚀条件下，不大可能会产生就地起沙现象。

2. 测算宁夏中部干旱带 5 种风蚀环境的风蚀强度

采用克拉瓦洛维克（Cravailovic）的年风蚀强度公式，用来计算不同风蚀环境内的风蚀量，方法如下：

$$Ep = T \times V \times De \times Y \times Xa \times F$$

式中：Ep 为一年风蚀量；T 为温度系数，$T =$（$t/10$）$+0.1$，t 为年平均温度；

V：年平均风速（m/s）；

De：年均大风日数；

Y：土壤抗蚀系数（沙为 2.0，最抗蚀土壤为 0.25，其他为 2.0～0.25）；

Xa：汇水区结构系数（耕地或裸地为 0.9～1.0，荒地为 1.0，森林地为 0.05）；

F：汇水区面积（km²）。

相关气象数据可由地方气象部门获取。

通过公式计算五种风蚀环境风蚀量结果见表 9-9。

表 9-9　五种风蚀环境各项指标值及风蚀量计算结果

类型＼指标	T（℃）	V（m/s）	De（d）	Y	Xa	F（km²）	Ep（m³/hm²·a）
压砂农田	0.78	2.3	30.2	0.5	0.5	1.0	13.54
翻耕农田	0.86	2.8	25.2	1.5	0.9	1.0	81.92
灌木林地	0.86	2.8	25.2	0.25	0.05	1.0	0.76
封育草场	0.86	2.8	25.2	1.0	1.0	1.0	60.68
流动沙地	0.86	2.8	25.2	2.0	1.0	1.0	121.36

从表 9-9 可以看出，流动沙地的风蚀量最大，为 121.36m³/hm²·a，翻耕农田次之，风蚀量为 81.92m³/hm²·a，灌木林地风蚀量最小，为 0.76m³/hm²·a，可见灌木林地的抗风蚀性能最强，流动沙地和翻耕农田是当地沙尘的主要来源。这个结果与实际监测的结果相吻合。

另外，本计算所采用的是年均大风日数，而非年均风日数，因此所计算的风蚀量要小于实际风蚀量。

3. 综合评价中部干旱带5种风蚀环境抗风蚀性能

TOPSIS 法即逼近理想排序法（Technique for Order Preference by Similarity to Ideal Solution，TOPSIS）。是由 Hwang 和 Yoon 于1981首次提出的。利用各评测对象的综合指标，通过计算各评测对象与理想解的接近程度，作为评价各个对象的依据，是一种多目标决策的方法。

TOPSIS 法的优点是：处理对象由实测数据统计而得，避免了主观因素的干扰，能客观地进行多目标的综合评价，是用于科学决策的一种经济效益综合评价的实用方法，其应用方便，对数据分布、样本量、指标多少无严格限制，具有应用范围广、计算量小、几何意义直观以及信息失真小等特点。

（1）方法。采用 TOPSIS 法进行分析，基本思路是，首先将指标同趋势化，消除不同指标不同纲量及其数量级的差异对评价结果的影响，然后在此基础上对数据进行归一化处理。找出有限方案中最优方案和最劣方案，分别计算各评价方案与最优和最劣方案的距离，获得各评价方案与最优方案的相对距离，以此作为评价各方案优劣的依据。

（2）计算步骤。

①同趋势化，即均变成高优指标（越大越优），如果为低优指标，则取其倒数（$1/X_{ij}$）将其转换。

②令 X_{ij} 为第 i 评价对象，第 j（高优）指标的个体值，采用公式：

$$a_{ij} = \frac{x_{ij}}{\sqrt{\sum_{i=1}^{n} X_{ij}^2}} \ , \ i=1, \ 2, \ \cdots, \ n, \ j=1, \ 2, \ \cdots, \ m$$

对每一个体值进行变换。

③获得现有评价对象的第 j 指标的 a_{ij} 最大值 a_{jmax} 与最小值 a_{jmin}。

④分别计算各评价对象的最优方案欧氏距离 D_i^+ 与最劣方案欧氏距离 D_i^-，即：

$$D_i^+ = \sqrt{\sum_{j=1}^{m} \left[w_j \left(a_{ij} - a_{jmax} \right) \right]^2}$$

$$D_i^- = \sqrt{\sum_{j=1}^{m} \left[w_j \left(a_{ij} - a_{jmin} \right) \right]^2}$$

其中 w_j 为每一个指标所占权重，$\sum w_j = 1$

⑤计算各评价对象与最优方案的相对接近程度：

$$C_i = \frac{D_i^-}{D_i^+ + D_i^-}$$

⑥按 C_i 大小将各评价对象排序，C_i 值越大，表示综合效益越高。

（3）计算结果。

A. 5 种风蚀环境指标基础数值（表 9-10）。

表 9-10　五种风蚀环境基础指标值

参评指标 待评对象	风速比	粗糙度 （cm）	集沙量 （g）	生物量 （g/m²）	紧实度 （kPa）	>0.5cm 粒径（%）
压砂农田	1.256	0.223	3.16	0	117.67	14.52
翻耕农田	1.177	0.020	2.07	0	15.17	1.47
灌木林地	2.012	12.706	0.42	579.0	43.67	3.03
封育草场	1.442	2.173	1.21	87.0	56.33	1.56
流动沙地	1.157	0.007	460.70	4.0	10.83	0.11

B. 5 种风蚀环境各指标值同趋势化。

根据同趋势化计算方法，集沙量值越大，则表示待评价对象抗风性能越差，与其他指标相比，该指标为低优指标，因此进行了倒数处理，结果得表 9-11。

表 9-11　高优指标同趋势化结果

参评指标 待评对象	风速比	粗糙度	集沙量	生物量	紧实度	>0.5cm 粒径
压砂农田	1.256	0.223	0.3165	0	117.67	14.52
翻耕农田	1.177	0.020	0.4831	0	15.17	1.47
灌木林地	2.012	12.706	2.3810	579.0	43.67	3.03
封育草场	1.442	2.173	0.8264	87.0	56.33	1.56
流动沙地	1.157	0.007	0.0022	4.0	10.83	0.11

C. 5 种风蚀环境各指标权重的获取。

利用 DPS 灰色关联度分析法，通过计算待评价指标各个参考数列与比较数列之间的关联度，构成关联矩阵，明确了 6 个主要评价因子的具体权重，见表 9-12。

表 9-12　各评价因子的关联矩阵

关联矩阵	风速比	粗糙度	集沙量	生物量	紧实度	>0.5cm 粒径	系数求和
风速比	1.0000	0.6723	0.4035	0.6395	0.4464	0.4008	3.5625

（续表）

关联矩阵	风速比	粗糙度	集沙量	生物量	紧实度	>0.5cm 粒径	系数求和
粗糙度	0.6585	1.0000	0.4186	0.9179	0.3078	0.4004	3.7032
集沙量	0.4127	0.4399	1.0000	0.4422	0.2784	0.5274	3.1006
生物量	0.6218	0.9168	0.4182	1.0000	0.2928	0.3998	3.6494
紧实度	0.4578	0.3326	0.2784	0.3201	1.0000	0.5492	2.9381
>0.5cm 粒径	0.3993	0.4099	0.5197	0.4118	0.5321	1.0000	3.2728
系数求和	3.5501	3.7715	3.0384	3.7315	2.8575	3.2776	20.2266
权重	0.1755	0.1865	0.1502	0.1845	0.1413	0.1620	1.0000

D. 逼近理想解排序法（TOPSIS 法）基础数据（表9-13）。

表9-13　逼近理想解排序法（TOPSIS法）基础数据

指　　标	风速比 (X_1)	粗糙度 (X_2)	集沙量 (X_3)	生物量 (X_4)	紧实度 (X_5)	>0.5cm 粒径 (X_7)
权　　重	0.1755	0.1865	0.1502	0.1845	0.1413	0.1620
压砂农田	1.2560	0.2230	0.3165	0	117.6700	14.5200
翻耕农田	1.1770	0.0200	0.4831	0	15.1700	1.4700
灌木林地	2.0120	12.7060	2.3810	579.0000	43.6700	3.0300
封育草场	1.4420	2.1730	0.8264	87.0000	56.3300	1.5600
流动沙地	1.1570	0.0070	0.0022	4.0000	10.8300	0.1100

E. 评价结果

利用 TOPSIS 法将上表各项数据代入公式后，求出最终计算与评价结果，见表9-14。

表9-14　Ci 及排序结果

待评对象	D_i^+	D_i^-	C_i	排序结果
压砂农田	0.286291	0.190956	0.400120	2
翻耕农田	0.334599	0.031887	0.087007	4
灌木林地	0.145255	0.300664	0.674257	1
封育草场	0.282653	0.081574	0.223965	3
流动沙地	0.352023	0.001255	0.003552	5

从表9-14 可以看出，Ci 值从大到小依次为灌木林地、压砂农田、封育草

场、翻耕农田和流动沙地，分别为 0.674257、0.400120、0.223965、0.087007 和 0.003552。其中灌木林地 C_i 值分别是翻耕农田和流动沙地的 7.75 倍和 189.82 倍。由此可知，流动沙地是供试 5 种风蚀环境中最易受风蚀影响的地貌类型，是当地主要沙尘来源，也是当地防沙治沙重点对象。翻耕农田地仅次于流动沙地，也是当地较易受风蚀的地貌类型。

第十章　沙地不同治理措施生态效益监测

在生态环境退化较轻的地区，若能降低或退出过度的开发利用，采取一定的保护措施，生态环境系统经过一定时期的自然演替过程，自己就能够逐渐恢复到良好的状态，只是需要较长的时间。而宁夏盐池县位于我国北方的生态脆弱带，生态环境的退化已超过了生态系统的自我调节能力，生态系统已难较快实现自我恢复，若无一定的社会物质和能量的投入，生态环境无法实现向良性的自然演替方向发展，因此，必须采取一定的人工能量和物质的输入，在人类的干预和引导下，遏制生态系统的进一步的退化，恢复地表植被，使生态环境得以逐步修复。

一、研究区概况

该观测区设在宁夏盐池县王乐井乡康庄子村西南哈巴湖国家级自然保护区管理局，距盐池县城37km，地下水位较浅，其中部分丘间低地地下水仅3m左右，是盐池南海子、左记沟、红山沟浅层承压自流水分布区的主要组成部分。在植被区划中属于温带草原区、温带东部草原亚区、草原地带。分布有草原带沙地植被类型中的苦豆子、沙蒿（*Artemisia desterorum*）、老瓜头、苦豆子等为建群种的群落。人工植被主要有沙柳（*Salix psammophila*）、花棒（*Hedysarum scoparium*）、杨柴（*Hedysarium mongolicum*）、紫穗槐（*Amorpha fruticosa*）、新疆杨（*Populus bolleana*）、旱柳（*Salix matsudana*）、沙枣（*Elaeagnus angustifolia*）、柠条等造林树种。其中原有的流动沙丘通过草方格+生物固沙相结合的方式，已基本得到控制。

按中国气候分区应属于东部季风区。处于中温带干旱气候区，具典型的大陆性气候特征。年均气温7.1℃，最高气温37.0℃，最低气温-29.5℃，年均≥10℃的积温3081.2℃，年均日照2852.9h，平均无霜期128d，年均降水量285mm，全年降水量80%多集中在7—9月，年均蒸发量2727.4mm，是全年降水量的9.6倍；主风方向为西北风，年均风速2.7m/s，大风日数为45.8d，多集中在11月至翌年4月，最多达52d，最大风速达15~18m/s，年平均沙暴日数20.6d，以春季最多；灾害天气主要有干旱、霜冻、冰雹、风、沙暴、干热风等。

二、主要研究方法与监测仪器

1. 下垫面的粗糙度与摩阻速度观测

（1）下垫面的粗糙度测定。下垫面的粗糙度是反映不同地表固有性质的一个重要物理量，是表示地表以上风速为零的高度，是风速等于零的某一几何高度随地表粗糙程度变化的常数。粗糙度体现了地面结构的特征，地面越粗糙，摩擦阻力就越大，相应地风速的零点高度就越高，这样隔绝风蚀不起沙的作用就越大。因此，粗糙度是衡量不同土地利用类型地表可蚀性的间接指标之一，用以描述不同下垫面对近地面层气流的不同阻碍作用。而朱朝云、丁国栋等则认为，下垫面的粗糙度是衡量治沙防护效益最重要的指标之一，人们采取的各种治沙防沙技术措施，都可归结为改造下垫面，控制风沙流，改变粗糙度，使其向着有利于人类的方向转化。粗糙度 z_0 的确定，通常都是以风速按对数规律分布为依据的。测定任意两高度处 Z_1，Z_2 及它们对应的风速 $V_1 V_2$，设 $V_2/V_1 = A$ 时，则得方程：

$$\lg z_0 = \frac{\lg z_2 - A \lg z_1}{1 - A} \tag{10-1}$$

例如当 $Z_2 = 200$，$Z_1 = 50$，将若干平均风速比代入方程，则求得下垫面粗糙度 Z_0。

（2）摩阻速度测定。摩阻速度 u_* 的确定：u_* 同样可以通过测定任意两个高程上的风速，根据公式来确定（即由直线的斜率得出）：

$$u_* = \frac{v_{200} - v_{50}}{5.75 \times \lg \frac{200}{50}} \tag{10-2}$$

知道 z_0 和 u_*，有了风速随高度变化的轮廓方程，就可以根据地面气象站的风资料推算近地层任一高度的风速，或进行不同高度的风速换算，实用意义很大。

2. 风力主要特征测定

风是引起土壤风蚀的最直接的动力，风速是表征风力大小的一个重要指标，它决定了气流侵蚀动能的大小。从地表侵蚀的角度来看，按照风速的大小可以把风分为非侵蚀风和可蚀风两种，当风速很小时，风的能量不足以使土壤颗粒产生运动，这种风叫非侵蚀风；如果风速逐渐增大，达到一定值时，风能就能够使土壤颗粒开始运动。这时的风速称为临界起动风速，把大于临界起动风速的风统称为可蚀风。风速越大，其风蚀搬运能力越强。

（1）风速测定。在各立地类型选择好的供试样地中，分别采用手持风速仪测得 0.5m、2m 不同高度风速，每组重复 16 次，取其平均数。

（2）风的速度脉动特征分析。风的速度脉动特征可以用阵性度表示：

$$g = \frac{u_{max} - u_{min}}{u} \qquad (10-3)$$

式中 u 为观测层内的风速。

3. 地表植被调查

地表植被是影响地表风蚀量的关键因素之一，特别是冬春风季，一些特定地貌，地表植被的多少可能会直接决定该地段风蚀程度。在实际调查中，参照农田杂草和灌木林地植被调查方法进行实测。其中，天然草场采用样方法（1m×1m）测定各个观测点的盖度、密度以及高度、地表状况、地表生物量等。灌木林地、流动沙地采用样线法，选择具有代表性的不同配置类型分别设置 30m 样地，调查标准地的立地因素，测定样方内每株灌木的高、冠幅、植被类型、盖度、密度等。

（1）频度。频度是指在调查地许多大小相同样方中，一个种出现的百分率，而不考虑其数量及大小。在调查的随机抛掷一定的次数，记载样方内地表植被种类及其出现次数，重复 15 次。

（2）密度。密度是指单位面积内一个种的个体数目，用 1m×1m 正方形样方实测，重复 3 次。

（3）盖度。盖度是指整个植被或某种植物的垂直投影面积占地表面积的百分数。实测时灌木林地采用 30m 线段法，重复 3 次。

（4）生物量。生物量是评定地被物多少重要的指标之一，是地被物密度、株体大小的综合体现，草本植物、灌木林地均利用鲜物称重法测得，重复 3 次。

（5）多度。借鉴样方内不同植物密度数量，调查时采用 1~5 级法进行估计，其中 1 级为最少，5 级为最多，每样地重复 3 次。

（6）配制特点。根据不同植物密度特征、多度数量和在待调查样方内的分布特征进行确定，分别有均匀型、散生型和零星型 3 种，每样地重复 3 次。

4. 土壤紧实度观测

利用美国产 SC-900 型土壤紧实度仪在对上述 4 种立地类型进行了测定，测定深度为地表以下 13 英寸，约 33cm，每处理重复观测 10 次，取其平均值。

5. 鸟类及小型动物调查

为充分了解不同人为干预立地类型区域内鸟类及小型动物活动情况，特定在

2014 年 8 月下旬进行了为期 1 天的鸟类及小型动物活动情况监测记录。监测记录时由专人在大苗造林、灌木林地、育苗苗圃地、对照放牧区域等上述 4 种立地类型区域各选择 500m 的行走路线作为调查固定路线，在调查固定路线内每 2h 自由行走 1 次，10：00—19：00 进行了调查，看到就分别记录所见鸟类及小型动物种类、时间、所在区域。

6. 小气候观测

光照与地表气温采用 ARCO 香港恒高电子集团授权东莞万创电子制品有限公司生产的 Intell Instruments AS813 型 Digital Lux Meter 监测器测得，监测时间 10：00—19：00，于 8 月下旬进行了 1 次调查；风速采用天津气象仪器厂生产的 DEM6 型 3 杯风速仪测得；土壤温度采用河北省武强红星仪表厂生产的地温计测得，监测深度分别为 5cm、10cm、15cm、20cm、25cm，监测时间 10：00—19：00，于 8 月下旬进行了 1 次调查。其中地表气温和光照均为将监测仪器放在监测区域地表表面测得的数据。

7. 数据分析

采用 EXCEL2003 统计软件对观测数据进行分析处理和图表制作。

三、重点研究监测内容及结果

1. 不同立地类型风力特征监测分析

（1）风速监测分析。风速是表示风力大小的一个数量指标，是研究风力侵蚀必备因素之一。在气象风速预报上常用几级风来表示，研究中则主要以速度单位（m/s）表示。风速和风力等级有密切相关性，为更好地表述不同立地类型风力侵蚀特征，阐明监测风速与气象预报中风力等级间相关性。风速虽然一般具有明显的阵发性和即时性，但不同立地类型由于不同地表覆被物对过境风速的直接作用，对不同高度风速的干扰强度是不尽相同的，一般会表现在对不同高度风速比的影响上。

按照下垫面粗糙度的公式定义，只要同时测得监测区域内不同高度风速差，就可根据公式推出供试样地的下垫面的粗糙度。2014 年 8 月下旬，利用 DEM6 型轻便三杯风向风速表，对试验涉及的各类立地类型，在 50cm 和 200cm 两观测高度，同时观测不同高度的风速值，每处理重复观测 16 次，测定记录后参照计算公式算出各下垫面的平均风速及其不同观测高度风速比，为进一步计算下垫面的粗糙度、摩阻速度等相关风蚀参数提供基础数据。

表 10-1 不同立地类型风速测定结果

景观	地貌		灌木林地		放牧对照		大苗造林		苗圃育苗
观测高度	（cm）	50	200	50	200	50	200	50	200
观测风速 V/（m/s）	V_1	0.10	0.40	1.60	2.00	1.50	3.00	1.20	2.80
	V_2	0.80	1.40	2.80	4.20	1.50	2.60	0.80	2.60
	V_3	0.70	1.40	1.80	2.60	1.60	3.60	1.30	2.20
	V_4	0.40	0.60	2.20	3.10	1.80	3.00	1.00	2.65
	V_5	1.40	2.05	2.60	3.30	1.60	3.00	1.20	2.40
	V_6	0.60	1.05	1.10	1.40	0.10	0.60	1.20	2.40
	V_7	0.40	0.70	0.10	0.40	0.10	0.40	0	0.20
	V_8	1.00	1.40	0.20	0.40	0	0.60	0.75	1.50
	V_9	0	0.20	0.70	0.85	0	0.20	0	0.80
	V_{10}	0.80	1.80	0.50	0.80	0.20	0.70	0	1.20
	V_{11}	1.70	2.60	0	0	0	0.20	0.70	1.30
	V_{12}	1.50	3.00	0.50	1.00	1.60	3.00	0.70	1.00
	V_{13}	1.50	3.00	0.60	0.60	1.60	0.60	0.60	0.80
	V_{14}	0.05	0.80	1.20	2.00	1.50	2.60	0.50	0.70
	V_{15}	0	0.60	0.40	0.65	1.60	3.80	0.65	1.40
	V_{16}	0.80	0.05	0.40	0.60	1.60	2.90	0.40	1.00
	V^-	0.73	1.32	1.04	1.49	0.93	1.93	0.66	1.55
	风速比		1.81		1.43		2.08		2.35

苗圃育苗地风速比（V_{200}/V_{50}）最高为 2.348（表 10-1），其次为樟子松大苗造林区域，为 2.075，灌木林地风速比为 1.808，对照放牧区域风速比仅为 1.433，为最小，说明对地表 50cm、200cm 空间区域内影响最大的立地类型分别为苗圃育苗地>樟子松大苗造林地>灌木林地>放牧对照区域。即放牧对照区域由于地表植物覆盖度最低，风力侵蚀空间畅通，对不同观测高度风速比影响最小，最容易发生风力侵蚀现象。

（2）不同立地类型下垫面粗糙度与摩阻速度观测分析。

①下垫面的粗糙度观测分析。下垫面的粗糙度是研究风沙物理学常用的、并且很有代表性的一个试验参数，是反映地表起伏变化与侵蚀程度的指标，是衡量治沙防护效益最重要的指标之一。根据下垫面的粗糙度所表示的物理意义来看，下垫面的粗糙度反映地表对风速减弱作用以及对风沙活动的影响。在各类立地类型中，其大小取决于地表粗糙元的性质及流经地表的流体的性质，即粗糙度反映

了地表抗风蚀的能力。提高下垫面的粗糙度可以有效地防止风蚀的发生。人们采取的各种治沙防沙技术措施，都可归结为改造下垫面，控制风沙流，改变粗糙度，使其向着有利于人类的方向转化。

对不同立地类型下垫面的粗糙度研究表明（表10-2）：放牧对照区域最小，仅为2.035cm，灌木林地次之，为8.992cm，而大苗造林地和苗圃育苗地分别达到了13.77cm和17.88cm，分别是对照放牧区域的6.77倍和8.79倍。由于监测时期风速较小，可能从一定程度上影响了不同立地类型间的差异，换言之，如果春季风蚀季节内监测，不同立地类型间差异可能会更大。说明大苗造林、苗圃育苗和灌木林地等人为良性干预立地类型抗风性能均要明显高于放牧对照区域，均是退化沙地行之有效的人工修复措施。

表10-2　不同立地类型下垫面地被物及地表粗糙度测定结果

立地类型	主要地表覆被物高（cm）	下垫面粗糙度的对数值 $logZ_0$	下垫面的粗糙度 Z_0（cm）	摩阻速度 u*（m/s）
灌木林地	380.5	0.954	8.992	0.0609
放牧对照	24.0	0.309	2.035	0.0471
大苗造林	225.0	1.139	13.770	0.1047
苗圃育苗	64.8	1.252	17.880	0.0926

注：表中主要地表植被高是利用样方方法对立地类型的主要建群种的株高进行调查，每样方调查10株，重复3次，取其平均数

②不同立地类型摩阻速度监测分析。摩阻速度的大小表示了近地表风速梯度的大小。作用于土壤表面的风力可以用摩阻速度表示，土壤表面的抗蚀力用临界摩阻速度表示，其中临界摩阻速度是指土壤颗粒开始运动时的风速。风蚀是指摩阻速度大于临界摩阻速度时推动土壤表面颗粒发生运动的过程。一般来说，风的摩阻流速越高，并且土壤临界摩阻流速值越低，则临界地表遮挡率越低。

巴格诺尔德在风洞实验中发现，当沙粒起动以后，由于跃移颗粒的碰撞，风速稍许低于流体起动条件时床面沙粒仍会保持运动，对于>0.1mm的泥沙颗粒来说，因密度（或比重）和粒径的不同，起始运动所需的风速（临界风速）是不一样的。对于密度相同的泥沙颗粒，临界起动风速将随粒径而变化，遵循平方根律（$U_{*t} \propto \sqrt{d}$）。这个关系已得到反复证实，而且受颗粒形状等因素的影响很小，但细粒泥沙（<0.1mm）并不遵循上述规律。当下垫面仅由细小颗粒组成时，随着颗粒粒径的减小，流体起动值反而越来越大，这是由于更细的颗粒一方面受到附面层流层的隐蔽作用，同时易从大气中吸附水分使粒间产生一定黏结力

所致，地表最易遭受风力吹蚀的松散泥沙是粒径为 0.1mm 左右的粉细沙，太粗太细均不易为风力所驱动。

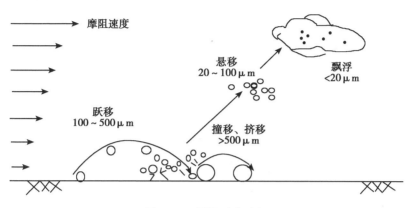

图 10-1　风蚀形成过程

　　监测分析发现，樟子松大苗造林地摩阻速度最高，为 0.1047m/s，是放牧对照 2.2229 倍。其次为苗圃育苗地和灌林林地区域，分别为 0.0926m/s 和 0.0609m/s，对照放牧区域摩阻速度仅为 0.0471m/s，为最小，说明放牧对照区域由于地表植物覆盖度最低，地表摩阻速度低，容易发生风力侵蚀现象。因此，影响摩阻速度和临界摩阻速度的因素，如残茬覆盖、下垫面的粗糙度、土壤含水量以及土壤特性等因素，必将影响和决定风蚀的发生及其发生的强弱程度。所以，通过提高地表植被覆盖率、增加残茬覆盖量和地表紧实度、含水量等，可以有效地提高土壤粗糙度，降低摩阻速度，提高临界摩阻速度，从而有效减少风蚀损失。

　　③不同立地类型下垫面风的速度脉动特征。风是塑造地貌形态的基本动力之一，也是沙粒发生运动的动力基础。对于确定某一种风的可能搬运沙粒数量来说，风速是最重要的，他是风沙流研究中的重要参数之一。但是，几乎所有搬运沙粒的风，不论是在风洞还是野外，全是湍流（紊动）的，表现出一定的阵性变化。因此，在讨论近地层风速时，是用一定时间间隔的平均风速代替瞬时风速。用平均风速来研究风沙问题是一种常见而又方便的处理方法，易于把握风速的总体变化趋势。但地表风蚀程度及起沙现象，通常又是以强劲阵风的形式而伴生，因此研究风蚀，特别是风力侵蚀必须结合立地类型，研究和明确风的速度脉动特征规律。

表 10-3　不同立地类型风速脉动特征分析

立地类型	观测高度（cm）	风速脉动特征（g）	速度脉动特征比值 g50/g200
灌木林地	50	2.315	1.088
	200	2.128	
放牧对照	50	2.425	1.017
	200	2.385	
大苗造林	50	1.946	0.986
	200	1.974	
苗圃育苗	50	1.962	1.084
	200	1.810	

由表 10-3 可以看出，在不同观测高度下，不同立地类型风的速度脉动差异相对比较明显。以放牧对照区域 50cm 和 200cm 观测高度上风的速度脉动比值最大，分别达到了 2.425 和 2.385，说明该区域较易产生风速变化波动，间接说明其抵御外界风力侵蚀能力较差，易产生风蚀现象。相比之下，苗圃育苗地、大苗造林地和灌木林地均较小，以苗圃育苗地最小，监测区域内 50cm 和 200cm 观测高度上风的速度脉动比值分别仅为 1.962 和 1.810。说明苗圃育苗地下垫面上的风速较稳定，风在通过其地表时原有特征保持较好，即有植被覆盖后的地表对风力干扰程度较大，防风蚀能力较强。

2. 不同立地类型地表植被特征调查分析

根据关于集沙量与地表附着物相关性分析表明：提高"植物频度"即植被覆盖率，对有效防治就地起沙、提高土壤可蚀性效果明显。由此可见，地表覆被物与地表起沙密切相关，地表覆被物数量特征的调查分析是研究地表风蚀必不可少的环节。因此研究景观地貌中地表覆被物的频度参数也是地表抗风蚀性能的一个间接反映，特将地表覆被物数据特征作了调查分析。

（1）植被频度调查分析。

①灌木林地植被频度调查分析。调查分析表明（表 10-4）：该立地类型区域内除沙柳、毛柳等平茬灌木外，采用草本样方法调查结果表明，沙柳、毛柳灌木林带样方内共监测到 19 种植物。灌木主要以后期补植的杨柴、自然繁殖生长的黑沙蒿为建群种，频度和相对频度分别达到了 80%、15.38% 和 100%、19.23%，主要伴生种有白草、地梢瓜、虫实等，其中白草、地梢瓜频度和相对频度分别达 50%、9.62% 和 70%、13.46%。

表 10-4　灌木林地频度调查

序号	试验重复	1	2	3	4	5	6	7	8	9	10	频度	相对频度
1	杨柴	1	—	1	1	1	—	1	1	1	1	80.00	15.38
2	拂子茅	1	—	—	—	—	—	—	—	—	—	10.00	1.92
3	地梢瓜	1	1	1	1	1	1	—	1	—	—	70.00	13.46
4	黑沙蒿	1	1	1	1	1	1	1	1	1	1	100.00	19.23
5	虫实	—	1	1	—	—	—	—	—	1	1	40.00	7.69
6	山苦麦	—	1	—	—	—	—	—	—	—	—	10.00	1.92
7	苦马豆	—	—	1	—	—	—	—	—	—	—	10.00	1.92
8	小叶杨	—	—	1	—	—	—	—	—	—	—	10.00	1.92
9	糙隐子草	—	—	1	—	—	—	1	—	—	—	20.00	3.85
10	狗娃花	—	—	—	1	—	1	—	—	—	—	20.00	3.85
11	绿藜	—	—	—	1	—	—	1	—	—	—	20.00	3.85
12	苦豆子	—	—	—	—	1	—	—	—	—	—	10.00	1.92
13	地锦	—	—	—	—	1	—	—	—	—	—	10.00	1.92
14	猪毛菜	—	—	—	—	1	—	—	—	1	—	20.00	3.85
15	白草	—	—	—	—	1	1	1	1	1	—	50.00	9.62
16	硬质早熟禾	—	—	—	—	—	1	—	—	—	—	10.00	1.92
17	草木樨状黄芪	—	—	—	—	—	—	—	—	—	1	10.00	1.92
18	赖草	—	—	—	—	—	—	1	—	—	—	10.00	1.92
19	狗尾草	—	—	—	—	—	—	—	1	—	—	10.00	1.92

　　②放牧对照区域植被频度调查分析。调查分析表明（表10-5）：该立地类型区域是当地很有代表性的自由放牧区域，无人工造林补植干预。样方内共监测到16种植物，是除苗圃育苗林地人工农田环境外，包括大苗造林、灌木林地等4个类型监测区域中的植物种类最少的区域。样方内主要以匍根骆驼蓬、苦豆子和牛枝子等多年生草本植物为建群种，频度和相对频度均分别达到100%和10.2%。其次主要分布有银灰旋花、沙生大戟，频度和相对频度均分别达到了90%、9.18%。零星散生有猫头刺、老瓜头、草木樨状黄芪等多年生牧草，相比上述禁牧区域，自由放牧区域牧草适口性明显较差，单位面积生物量也明显较低，抵御外界风蚀侵蚀的能力也相应明显较弱。

表 10-5　放牧对照区域植物频度监测结果

序号	试验重复	1	2	3	4	5	6	7	8	9	10	频度	相对频度
1	白草	—	1	—	—	—	—	—	—	—	—	10.00	1.02
2	老瓜头	1	1	1	—	—	1	—	1	—	—	50.00	5.10
3	匍根骆驼蓬	1	1	1	1	1	1	1	1	1	1	100.00	10.20
4	苦豆子	1	1	1	1	1	1	1	1	1	1	100.00	10.20
5	砂珍棘豆	1	—	1	—	—	—	—	—	—	—	20.00	2.04
6	牛枝子	1	1	1	1	1	1	1	1	1	1	100.00	10.20
7	银灰旋花	1	1	1	1	1	1	1	1	—	1	90.00	9.18
8	叉枝鸦忽	1	—	—	—	—	1	1	—	—	1	40.00	4.08
9	二裂萎陵菜	1	—	—	—	—	—	—	—	—	—	10.00	1.02
10	沙生大戟	1	1	1	1	1	1	1	1	—	1	90.00	9.18
11	蚓果芥	1	1	1	1	1	1	—	1	—	1	80.00	8.16
12	猫头刺	1	1	1	1	—	1	—	1	1	1	70.00	7.14
13	草木樨状黄芪	1	—	—	—	—	—	1	—	—	—	20.00	2.04
14	狗尾草	1	—	—	—	—	—	1	—	—	—	20.00	2.04
15	细叶远志	1	1	1	1	1	1	1	1	1	—	90.00	9.18
16	猪毛菜	1	1	1	1	1	1	1	1	1	1	90.00	9.18

③樟子松育苗苗圃地农田杂草频度调查。

表 10-6　樟子松育苗苗圃地农田杂草频度调查

序号	植物名称	1	2	3	4	5	6	7	8	9	10	频度	相对频度
1	樟子松	1	1	1	1	1	1	1	1	1	1	100	40.00
2	白草	—	1	—	—	—	—	—	—	—	—	10	4.00
3	地梢瓜	—	1	—	—	—	—	1	—	—	—	20	8.00
4	绿藜	—	—	1	1	—	—	—	—	—	—	20	8.00
5	画眉草	—	—	1	—	—	—	—	—	—	—	10	4.00
6	狗尾草	—	—	1	—	—	1	—	—	—	—	20	8.00
7	虫实	—	—	—	—	1	1	—	—	1	—	30	12.00
8	猪毛菜	—	—	—	—	1	1	—	—	1	—	30	12.00
9	狭叶山苦麦	—	—	—	—	—	—	—	1	—	—	10	4.00

采用样方法，对樟子松育苗圃地农田杂草频度进行了调查。调查发现（表

10-6)，人工育苗苗圃地内樟子松在农田生态环境内占绝对优势。除樟子松外，常见杂草有8种，以虫实、猪毛菜等1年生草本植物最为常见，频度和相对频度分别为30%和12%，其他还伴生有地梢瓜、绿藜、狗尾草等，均是1年生草本植物，对樟子松正常生长影响不大，也基本不具备生态效果。

④大苗造林区域植被频度调查结果。调查分析表明（表10-7）：大苗造林区域除人工补植的樟子松、侧柏大苗外，采用草本样方方法调查可知，大苗造林林带样方内共监测到了29种植物，是包括灌木林地、苗圃育苗地、对照自由放牧区域共4个监测区域内监测到的植物种类最多的立地类型。主要以白草、猪毛蒿为建群种，频度和相对频度分别达到了90%、9.47%和80%、8.42%。伴生种有匐根骆驼蓬、猪毛菜、灰藜、雾冰藜、狗尾草等，出现的频度和相对频度均分别达到了70%和7.37%。同时，零星分布有黑沙蒿、小果白刺等半灌木、小灌木。

表 10-7 大苗造林区域植被频度调查结果

序号	试验重复	1	2	3	4	5	6	7	8	9	10	频度	相对频度
1	苦豆子	1	1	1	—	1	1	1	—	—	—	60.00	6.32
2	老瓜头	1	—	—	—	—	—	—	—	—	—	10.00	1.05
3	白草	1	1	1	—	1	1	1	1	1	1	90.00	9.47
4	雾冰藜	1	1	1	—	1	—	1	1	—	1	70.00	7.37
5	狗尾草	1	—	1	1	1	—	1	1	—	1	70.00	7.37
6	山苦麦	1	—	1	—	—	—	1	—	—	1	40.00	4.21
7	赖草	—	—	1	1	—	1	1	—	—	1	50.00	5.26
8	猪毛蒿	1	1	—	1	1	1	—	1	1	1	80.00	8.42
9	匐根骆驼蓬	1	1	1	—	1	1	1	—	—	1	70.00	7.37
10	猪毛菜	1	1	1	1	1	—	—	—	1	1	70.00	7.37
11	灰藜	1	1	—	1	1	1	—	—	—	1	70.00	7.37
12	针茅	—	—	1	—	—	1	—	—	—	1	30.00	3.16
13	狗哇花	—	—	—	—	1	—	—	—	—	—	10.00	1.05
14	田旋花	—	—	1	1	—	—	—	—	—	1	30.00	3.16
15	菟丝子	—	1	—	—	—	—	—	—	—	—	10.00	1.05
16	牛枝子	—	—	—	1	1	—	—	—	—	—	20.00	2.11
17	小叶锦鸡儿	—	—	—	—	—	—	1	—	—	—	10.00	1.05
18	沙蓝刺头	—	—	—	—	—	—	—	1	—	—	10.00	1.05
19	蒙山莴苣	—	—	—	—	—	—	—	—	1	—	10.00	1.05

（续表）

序号	试验重复	1	2	3	4	5	6	7	8	9	10	频度	相对频度
20	小果白刺	—	—	—	—	—	—	—	—	—	1	10.00	1.05
21	沙生大戟	—	—	—	1	1	—	—	—	—	—	20.00	2.11
22	黑沙蒿	—	—	—	—	—	1	—	—	—	—	10.00	1.05
23	虫实	—	—	—	1	1	1	—	—	—	—	30.00	3.16
24	米口袋	—	—	—	1	—	1	—	1	—	—	30.00	3.16
25	披针叶黄华	—	—	—	—	—	—	—	—	—	1	10.00	1.05
26	樟子松	1	—	—	—	—	—	—	—	—	—	10.00	1.05
27	牻牛儿苗	—	—	—	—	—	—	—	—	—	—	0.00	0.00
28	蒺藜	—	—	—	—	—	—	—	—	—	—	10.00	1.05
29	细叶韭	—	—	—	—	—	1	—	—	—	—	10.00	1.05

（2）不同立地类型地表植被调查分析。为间接反映不同立地类型区域内不同利用方法对地表植被的种类及影响程度间差异，分别对大苗造林、灌木林地、苗圃育苗地和放牧对照区域内的地表植被种类、生长状况、密度、配置特点、生物量等参照四度一量法进行了调查分析，结果如下。

①大苗造林样方植物调查。在大苗造林区域内（见表10-8），主要以白草、赖草、猪毛蒿等多年生草本为主。从株高、多度来看，以赖草、猪毛蒿最高；从盖度来看，以猪毛蒿、赖草最大；而白草、赖草和猪毛蒿密度最大；生物量以灰藜、猪毛蒿和白草最大。

表10-8 大苗造林样方植物调查

序号	植物名称	高度（cm）		盖度（%）	多度	密度（株·m²）	配置特点	生物量（g）
		一般	最高					
1	猪毛蒿	33	50	16	3	13	散生	127.2
2	猪毛菜	21	15	5	3	5	散生	33.0
3	虫实	18	15	2	2	2	散生	3.1
4	白草	12	22	2	2	48	散生	62.4
5	灰藜	20	24	2	2	18	散生	138.6
6	雾冰藜	20	22	<1	2	7	散生	9.0
7	赖草	36	40	9	5	40	均匀	40.0
8	匍根骆驼蓬	8.5	11	<1	2	2	零星	8.2

（续表）

序号	植物名称	高度（cm）		盖度（%）	多度	密度（株·m²）	配置特点	生物量（g）
		一般	最高					
9	狗尾草	21.0	26	<1	2	2	散生	7.1
10	米口袋	6.0	8	<1	3	6	散生	8.1

②放牧对照区域草本样方植物调查分析。在放牧对照区域内（见表10-9），主要以沙生针茅、牛枝子、白草等多年生草本为主。从株高来看，以沙生针茅、苦豆子、匍根骆驼蓬最高；从盖度、多度、密度、配置特点和生物量来看，以沙生针茅、牛枝子最大或最均匀，说明这一区域是以沙生针茅、牛枝子、苦豆子等多年生草本植物为建群种的覆沙地干旱荒漠草场，单位面积产草量低，植被种类单一，植物放牧适口性较差，可利用程度明显较低，有待进一步人工干预和改良。

表10-9　放牧对照区域草本样方植物调查

序号	植物名称	高度（cm）		盖度（%）	多度	密度（株·m²）	配置特点	生物量（g）
		一般	最高					
1	苦豆子	7	14	2	1	2	零星	9.9
2	沙生针茅	11	30	35	5	49	均匀	38.0
3	牛枝子	5	8	14	5	28	均匀	37.8
4	匍根骆驼蓬	6	12	1	2	5	散生	3.6
5	砂珍棘豆	3	—	<1	1	1	零星	0.5
6	山苦麦	3	—	<1	1	1	零星	1.5
7	猫头刺	3	4	1	1	3	零星	4.2
8	白草	5	7	2	2	8	散生	4.6

③灌木林地样方植物调查分析。在以沙柳、毛柳等为主的人工灌木林地带区域内（见表10-10），主要由人工补植的杨柴、封育后自然繁育的黑沙蒿和糙隐子草为主，其株高、盖度、多度、密度、配置特点和生物量均表现得尤为突出。说明在沙柳、毛柳等人工灌木林带内，人工补植后，对改善植被适口性、提高地表植被盖度和改善区域内生态环境均有突出的贡献作用，对稳定区域内生态环境，保护区域地表风蚀和水土流失作用均十分明显。

表 10-10　灌木林地样方植物调查

序号	植物名称	高度（cm）		盖度（%）	多度	密度（株·m²）	配置特点	生物量（g）
		一般	最高					
1	杨柴	52	55	31	3	9	散生	240.3
2	糙隐子草	15	17	5	2	6	散生	16.8
3	阿尔泰狗娃花	14	16	1	1	2	零星	0.4
4	黑沙蒿	35	—	8	2	1	散生	97.8
5	硬质早熟禾	32	40	2	2	2	均匀	0.8
6	披针叶黄华	18	—	<1	1	1	散生	2.2
7	节节草	25	26	<1	1	3	零星	6.9
8	白草	37	42	<1	1	3	均匀	2.8

④苗圃育苗地杂草样方调查分析。借助农田生态学基本原理，采用样方法，对樟子松苗圃育苗地也进行了调查，结果表明（表10-11），樟子松苗圃育苗地主要杂草为白草、硬质早熟禾、地梢瓜和绿藜，均为散生或零星，未影响到樟子松的正常生长，田间管理良好。

表 10-11　苗圃育苗地杂草样方调查

序号	植物名称	高度（cm）		盖度（%）	多度	密度（株·m²）	配置特点	生物量（g）
		一般	最高					
1	樟子松	65	86	69	5	4	均匀	2664.0
2	白草	15	24	<1	1	3	散生	2.4
3	硬质早熟禾	44	47	<1	1	3	散生	2.1
4	地梢瓜	11	—	<1	1	1	零星	0.6
5	绿藜	12	—	<1	1	1	零星	0.6

（3）平茬与未平茬灌木林带生长状况调查分析。

①未平茬灌木生长情况调查分析。调查可知（表10-12），多年生未平茬沙柳、毛柳平均株高分别为 3.17m、2.08m；冠幅均在 3m 左右；地径分别为 18.00mm 和 14.92mm；分蘖数沙柳 178.33 个，毛柳 345.67 个；密度沙柳 69 株/666.7m²，毛柳 89 株/666.7m²；单株生物量沙柳 78.36kg，毛柳 13.49kg。

表 10-12　未平茬沙柳毛柳生长情况

| 灌木 | 株高（m） | 冠幅（m） | | 地径（mm） | 分蘖数（个） | 密度（株/666.7m²） | 单株生物量（kg） |
		长	宽				
沙柳	3.6	3.4	3.5	18.26	224	59	77.06
	3.1	3.2	3.1	17.86	162	79	58.26
	2.8	3.1	2.7	18.21	149	—	78.36
平均	3.17	3.23	3.10	18.11	178.33	69.00	71.23
毛柳	2.45	3.5	3.2	13.24	198	112	21.38
	2.0	2.8	2.3	14.65	412	66	3.71
	1.8	2.6	2.5	16.87	427	—	15.37
平均	2.08	2.97	2.67	14.92	345.67	89.00	13.49

②平茬灌木生长情况调查分析。调查可知（表 10-13），平茬后 1 年沙柳、毛柳平均株高分别为 3.05m、1.85m，分别是未平茬沙柳、毛柳的 96.21%、88.94%；冠幅也均在 3m 左右或接近于 3m；地径分别为 17.10mm 和 7.30mm，分别是未平茬沙柳、毛柳的 63.33%、48.93%；沙柳分蘖数 116 个，毛柳 51.67 个；密度沙柳 89 株/666.7m²，毛柳 69 株/666.7m²；单株生物量沙柳 78.36kg，毛柳 13.49kg，分别是未平茬沙柳、毛柳的 25.58%、49.74%。据此推断，平茬后 2~3 年沙柳、毛柳株高、冠幅、地径、单株生物量等主要生物学特征均接近或达到未平茬处理。因此，平茬可从很大程度上加速沙柳、毛柳更新，促进其生长。

表 10-13　平茬沙柳毛柳生长情况

| 灌木 | 株高（m） | 冠幅（m） | | 地径（mm） | 分蘖数（个） | 密度（株/666.7m²） | 单株生物量（kg） |
		长	宽				
沙柳	3.8	3.3	3.4	9.26	153	112	32.13
	2.86	3.1	3.5	7.85	102	66	22.44
	2.5	2.7	3.0	17.10	93	—	5.58
平均	3.05	3.03	3.30	11.40	116	89.00	20.05
毛柳	1.48	2.4	2.0	11.02	19	59	0.73
	2.26	3.2	3.0	8.26	75	79	2.36
	1.8	1.7	1.6	4.14	61	—	6.71
平均	1.85	2.43	2.20	7.30	51.67	69.00	3.27

（4）苗圃育苗地樟子松长势情况调查分析。

①樟子松长势情况调查。采用随机法（表10-14），在樟子松育苗苗圃地内，整体按照"W"形进行随机抽样，每隔10株后连续调查10株樟子松移栽后生长情况，累计调查了3组，每组分别调查10株，累计调查30株，取其平均数。调查表明，移栽近2年后樟子松平均株高为64.83%，平均枝下高11.40cm、平均地径23.30mm，树冠冠幅51.9~51.97cm，平均单株生物量580.97g。

表10-14　苗圃育苗地樟子松长势情况调查分析

序号	植物名称	高度（cm）	枝下高（m）	地径（mm）	树冠		分枝数	单株生物量（g）
					高度（m）	直径（m）		
1	樟子松	78	13	30.18	63	67	14	715.4
2	樟子松	73	11	30.57	58	56	13	704.7
3	樟子松	67	10	32.34	65	50	19	—
4	樟子松	76	12	30.33	58	60	21	—
5	樟子松	65	11	20.04	43	52	16	—
6	樟子松	70	12	26.21	50	58	18	—
7	樟子松	59	12	18.0	65	47	10	426.6
8	樟子松	69	8	22.16	46	50	14	709.5
9	樟子松	87	16	29.31	58	65	21	—
10	樟子松	52	12	22.00	56	53	12	—
11	樟子松	69	13	18.44	42	48	15	—
12	樟子松	40	3	21.56	30	33	15	—
13	樟子松	80	11	25.14	62	58	13	—
14	樟子松	50	10	16.76	40	46	14	—
15	樟子松	65	9	20.63	40	45	15	344.4
16	樟子松	65	10	20.58	53	50	15	—
17	樟子松	60	12	18.67	55	48	10	—
18	樟子松	76	14	25.32	68	67	21	—
19	樟子松	40	10	12.39	40	38	13	—
20	樟子松	57	17	20.78	50	42	15	—
21	樟子松	68	10	24.63	46	53	14	—

（续表）

序号	植物名称	高度（cm）	枝下高（m）	地径（mm）	树冠		分枝数	单株生物量（g）
					高度（m）	直径（m）		
22	樟子松	58	10	20.80	46	47	15	—
23	樟子松	56	8	23.29	50	48	17	585.2
24	樟子松	60	12	20.30	58	53	13	—
25	樟子松	74	13	19.17	56	47	14	—
26	樟子松	46	11	17.57	35	46	12	—
27	樟子松	72	14	24.81	56	54	9	—
28	樟子松	80	13	32.84	66	59	16	—
29	樟子松	67	14	23.16	55	65	16	—
30	樟子松	66	11	31.05	47	54	13	—
平均		64.83	11.40	23.30	51.90	51.97	14.77	580.97

②樟子松移栽后成活情况调查分析。采用随机法（表10-15），在樟子松育苗苗圃地内，整体按照"W"形进行随机抽样，每隔10株后连续调查10株樟子松育苗后成活率，累计调查了3组，每组分别调查3个100株，累计调查900株，取其平均数。调查表明（表10-15），育苗苗圃樟子松平均成活率88.82%。

表10-15 育苗苗圃地樟子松成活率调查分析

樟子松成活率	调查株数（株数）	成活率（%）
1	100	85
2	100	84
3	100	87
4	100	92
5	100	92
6	100	97
7	100	91
8	100	83
9	100	87
平均	100	88.82

3. 不同立地类型地表土壤紧实度监测分析

土壤紧实度是土壤容重的一个间接反映，地表紧实度与地表风蚀程度密切相关，当地表长期处于较低盖度的覆被率、较细颗粒组成、低含水率和低紧实度，并且无结皮保护等自然状态下，如果有强劲的风力，则很可能会产生严重的风蚀现象，因此地表紧实度也是间接衡量下垫面抗风蚀性能的一个间接指标。反之，如果地表过于紧实，则不利于自然降水顺利入渗，从而影响到地表土壤储水能力，不利于地表植被正常生长。据此，在2014年8月下旬，监测地表植被生长情况的同时，利用土壤紧实度仪对试验涉及的4类典型景观地貌分别进行了地表紧实度测定，并作了相关分析。

表 10-16　不同监测样地地表紧实度对比分析　　　　　单位：kPa

观测深度 监测样地	放牧对照	灌木林地	大苗造林	苗圃育苗
2.5	72.50	15.00	11.67	12.50
5.1	99.67	19.17	38.83	42.83
7.6	170.83	31.83	65.00	26.00
10.2	223.50	53.17	79.50	52.00
12.7	281.83	87.00	94.50	79.67
15.2	365.17	111.50	108.83	133.33
17.8	405.33	140.50	131.83	144.50
20.3	421.80	175.83	170.00	179.33
22.9	484.00	221.83	212.17	162.33
25.4	520.60	206.20	209.33	202.33
27.9	534.20	181.50	245.50	238.83
30.5	522.75	152.00	330.33	181.50
33.0	501.00	557.00	482.50	152.00
平均	354.09	150.19	167.69	123.63

对比分析可知（表10-16，图10-2）：0~33cm（13英寸）深度的土壤紧实度平均值为放牧对照>大苗造林>灌木林地>苗圃育苗地。其中放牧对照区域内所监测到的33cm所有监测层内地表紧实度均明显高于其他监测区域，平均紧实度达到了354.09kPa，可能是由于长期放牧践踏作用所致。从地表紧实度来看，放牧对照区域地表抗风蚀能力较强，但不利于自然降水入渗、土壤储水和植被正常生长。其他三类人工造林区域地表紧实度相差不大，以大苗造林较高，苗圃育苗

地最低，分别为167.69kPa和123.63kPa，灌木林地居中，为150.19kPa。

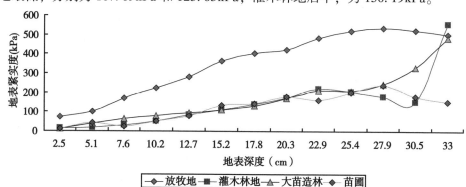

图10-2　不同监测样地地表紧实度对比分析

4. 不同监测区域鸟类及小型动物活动情况

通常情况下，人工造林、禁牧管护除可明显提高植物丰富度、植被覆盖率、改善区域范围内小生态环境外，还可明显增加鸟类、小型动物等的出入活动。为间接反映上述各类人工干预立地类型区域内的鸟类及小型动物情况，结合植被调查，特于2014年8月下旬进行了一次专门针对上述区域内的鸟类及小型动物活动情况的专项调查。调查方法如前所述。

表10-17　不同监测区域鸟类及小型动物活动情况

序号	地点	时间	名称	数量（只）
1	灌木林地	13：20	斑翅山鹑	7
2	灌木林地	13：20	草原沙蜥	1
3	灌木林地	13：30	草原沙蜥	2
4	灌木林地	16：50	斑翅山鹑	1
5	灌木林地	18：40	斑翅山鹑	1
6	大苗造林	14：30	麻雀	15
7	放牧对照	14：42	凤头百灵	1
8	苗圃育苗地	16：50	麻雀	6
9	苗圃育苗地	17：45	喜鹊	4

调查结果表明（表10-17），在调查时间内，灌木林地共有9只鸟类、3只爬行动物在活动，其中鸟类主要为斑翅山鹑，爬行动物主要是草原沙蜥。大苗造林区域内见到麻雀15只，放牧对照区域仅见到凤头百灵1只，未见有小型动物

活动。苗圃育苗地主要有麻雀6只、喜鹊4只，未见有小型动物活动。由此可知，放牧对照区域内由于荒凉的生态环境，鸟类及小型动物出没较少，反之，人为保护灌木林地、大苗造林区域、苗圃育苗区域内均有各类鸟类、小型动物活动，鸟类及小型动物物种多样性较高。

5. 不同立地类型小环境监测分析

（1）不同立地类型地表土壤温度动态变化监测。采用河北省武强红星仪表厂生产的地温计分别对放牧对照、大苗造林、苗圃育苗、灌木林地4个区域的土

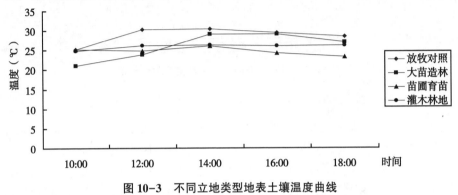

图10-3　不同立地类型地表土壤温度曲线

壤温度进行了动态监测，监测深度分别为5cm、10cm、15cm、20cm、25cm。将上述4种立地类型不同深度监测所得土壤温度平均后可知（见图10-3），放牧对照区域土壤地表平均温度最高，且波动幅度也较大，在25.1~30.3℃间波动，大苗造林和灌木林地较接近，分别在21~29℃、23.2~26℃间波动，苗圃育苗土壤地表平均温度最低，且波动幅度也最小，仅在23.2~26℃间波动，说明较高的植被覆盖可以保证较低的地表土壤温度和较小的地表土壤温度波动，有利于地表土壤水分保持，改善小环境，减少高温逆境对植被及林间小动物、鸟类的负面影响，有利于其正常生长和生存。从不同立地类型不同监测深度地表土壤温度曲线来看（图10-4），在监测时间段内，在14：00前，地表温度随着深度均逐渐降低，16：00及以后，5cm地温与15cm地温均较接近，10cm处地温开始为最大值，且整体变幅均趋于平缓。其中放牧对照地表温度变化幅度最大，特别是5cm处地温，其最大值出现在12：00，大苗造林地10：00—12：00区间内不同深度地表温度均最低，之后逐渐升高，可能是由于太阳的转动影响到树阴与监测区域，近而影响到地温。整体来看，大苗造林、灌木林地、苗圃育苗地由于植被较多，覆盖度较高，地表温度日变化较缓和，随着日照强度的逐渐增强或减弱均趋于滞后性变换。说明在日照最为强烈的8月份，较高的植被覆盖有利于保持较稳定、较低的、持续缓和的土壤温度，有利于植物生长和区域内小型动物、鸟类活

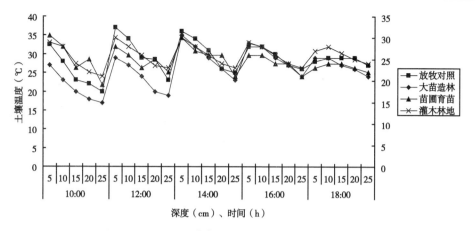

图 10-4　不同立地类型不同深度地表土壤温度曲线

动栖息。

（2）不同立地类型地表气温动态变化监测。从不同立地类型地表气温曲线来看（图 10-5），在监测时间段内，日平均气温最大值均出现在 12：00，其次均出现在 14：00。从不同立地类型来看，大苗造林地日平均气温最低，为 30.82℃，苗圃育苗地最高，为 33.2℃，放牧对照区域为 32.28℃，与苗圃育苗地和灌木林地均较接近，可能是由于放牧对照区较通风，空气流动性大，气温相对较低，而苗圃育苗地由于地势相对低洼，空气流通性较差，气温相对较高，但相差不大。整体看来，除 10：00 时间段外，4 个监测区域日气温变化幅度和差异均不明显。

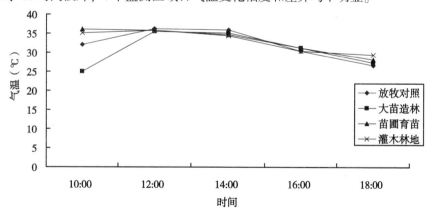

图 10-5　不同立地类型地表气温曲线

（3）不同立地类型地表光照强度动态变化监测。从不同立地类型地表光照强度曲线来看（图 10-6），在监测时间段内，日平均光照强度最大值均出现在

12：00，以放牧对照区域光照强度最大，特别从10：00—14：00表现最明显，自16：00—18：00开始，不同立地类型间光照强度趋于相似。整体来看，地表光照强度变化幅度和变化趋势均与地表土壤温度、地表气温监测结果均相似。换言之，大苗造林、灌木林地、苗圃育苗地由于植被较多，覆盖度较高，光照强度日变化较缓和，随着光照强度的逐渐增强或减弱均趋于滞后性变换。说明在日照最为强烈的8月份，较高的植被覆盖有利于保持较稳定、较低的、持续缓和的光照强度，有利于该区域内植被的正常生长和区域内小型动物、鸟类活动和栖息。

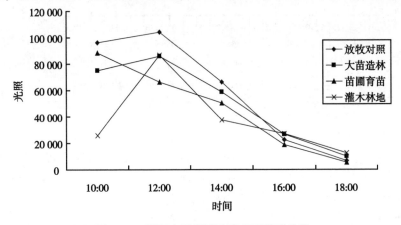

图10-6　不同立地类型地表光照强度曲线

第十一章　沙漠化预警模型的构建

以防为主的荒漠化防治策略是沙漠化预警的基本出发点，因此对于沙漠化预警的研究尤显重要，但是长期以来人们一直没有形成一个统一的沙漠化预警指标体系，使预警工作难以进行。对区域土地沙漠化现状水平的评价除考虑自然因子外，还应考虑该地区非沙漠化土地及各程度沙漠化土地的面积组成比例，即在沙漠化土地程度评价的基础上，进行区域评价。但是由于研究问题本身的复杂性以及工作范围的局限，建立普遍适用的沙漠化预警体系和模型还有待于进一步的深入。对于沙漠化防治来讲，区域性土地沙漠化现状水平是最重要的信息。

一、沙漠化预警框架

沙漠化是一种自然灾害，其预警应属于自然灾害预警的范畴，其思考的思路和预警的程序应遵循一般灾害预警理论模型，即警义—警源—警兆—警度—警患概念模型。关文彬（2001）结合荒漠化发生、发展与预警原理，提出了荒漠化预警的基本程序为：分析警素、诊断警情、寻找警源、辨识警兆、预报警度、排除警患。并提出相应的警情指标、警源指标和警兆指标作为预警的基本要素。

在沙漠化预警系统中，沙漠化警情即土地系统的沙漠化状态以及其状态的变化，也就是土地沙漠化的程度等级和沙漠化程度等级的变化。就单个具体指标而言可以是年发生沙尘暴的次数，单位面积土地产出量的下降量等。

警源是产生某种警情发生的根源。从发生学的角度看，警源一般可分为外生源和内生源，外生警源是从系统外部输入的警源，内生源是系统自身运行的状态或机制。沙漠化预警的警源即是产生沙漠化的根源，其包含自然因素和人为因素。其中自然因素是内生警源，由自然系统所处的地理环境所决定。影响沙漠化的内生警源指标有：风速、风向、温度、降水量、土壤质地、地形、地貌、植被类型、植被密度、植被高度、地下水位、地下水质等等指标。在具体的运用中可以确定一些主要指标，如张东（2005）认为影响沙漠化主要自然因素是风速和降水量。人为因素是沙漠化的外生源，是人类活动对自然状态的一个改变，其指标主要有：人口数量、土地利用结构（农林牧比例、灌溉方式、耕作方式）、土地利用密度（土地利用率、土地生产力、牲畜密度、土地垦殖率、防护措施），土地的交通条件，当地人民生活水平，经济发展状况（GDP、农林牧渔比例）、社会状况（受教育程度、生活习惯、环境保护意识）等。从变化速率上分又可以分为快速变化警源和缓慢变化警源。快速变化的警源指标主要有：风速、风向、温度、降水量、植被密度、植被高度、土壤水分、人口数量、土地利用结构、土地利用密度、社会经济状况等；缓慢变化的指标有：土壤质地、土壤有机质、地形地貌、地下水质等。从监测角度而言，监测快速变化的指标比监测缓慢变化的指标更有意义。

谈到沙漠化的警源我们还有一个很重要的问题值得探讨，即沙漠化警源与沙漠化警情之间的关系。从概念上而言警源是产生警情的根源，即通过警情寻找警源，也可以通过警源推断警情。然而现实自然总是十分复杂，在沙漠化系统中警源与警情的关系错综复杂，警情与警源之间并没有固定的关系，其不能通过警源准确地推断警情，也不能通过警情直接的寻找到确切的警源。但两者之间的关系又没有复杂到不能定性的认识程度，总可以产生一些定性的认知。如，张爱胜（2005）利用系统动力学分析了农田沙漠化系统和草地沙漠化系统的警情和警源之间关系，如图 11-1 所示。包慧娟（2004）以可持续发展为出发点，从警源的社会经济、人类活动、自然条件三个方面与警情的关系进行探讨。

由此可见，到目前为止警源与警情之间的定性关系比较明朗，而两者之间的定量关系还比较模糊，或者说存在一定缺陷，其两者之间的关系目前还处于一个"灰色"的状态。其关系如图 11-2 所示。

当然也有一些学者尝试着运用数学方法进行定量研究，其利用警源指标（降水量、温度、风速、人口等）与警情（沙漠化面积数量）进行回归分析，得到多元回归方程。例如，常学礼（2003）对科尔沁沙地的耕地指数与沙漠化程度、人口密度与沙漠化程度进行回归分析，并取得较好的结果。齐善忠（2006）利用比值关系对人为因素在黑河流域张掖地区沙漠化过程中进行定量研究。还有很多学者进行了尝试。虽然这种定量研究似乎给我们进一步揭示警情和警源之间的关系带来了希望，然而这种定量研究受空间尺度和时间尺度的限制，使其实用性受到严重影响，如果换一个地域或者换一个时间其结果的可信度就值得进一步探讨。

警度又称为警级，是警情的轻重程度，他是预警的最终产出形式，一般分为：无警、轻度预警、中度预警、重度预警、极重度预警。在气象灾害中，按照人员伤亡和财产损失程度分为：一般（Ⅳ级）、较重（Ⅲ级）、严重（Ⅱ级）和特别严重（Ⅰ级）四级预警。沙漠化预警也可以有两种形式出现，一种是不考虑财产损失，仅仅考虑沙漠化的程度变化；另一种是既考虑沙漠化的程度变化，又考虑程度变化造成的财产损失。在沙漠化预警的警度划分时，同时考虑逆向变

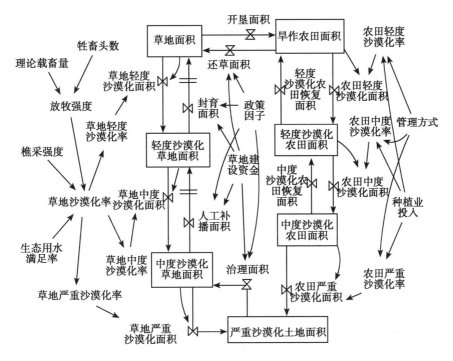

图 11-1　土地沙漠化转化过程（张爱胜，2005）

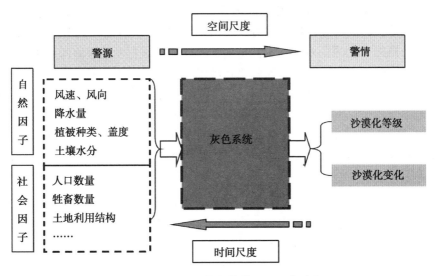

图 11-2　沙漠化预警与警情关系（李诚志）

化（沙漠化好转的情况），将其警度划分为：已减轻、重度减轻、中度减轻、轻度减轻、可能变化区、轻度预警、中度预警、重度预警、极重度预警 9 类。从以上分析，可以得到沙漠化警情、警源、警兆、警度的关系，如图 11-3 所示。

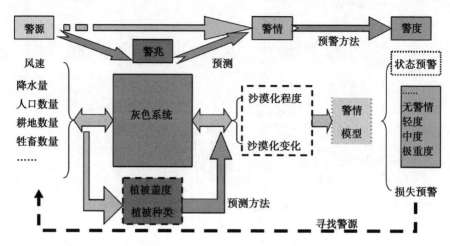

图 11-3　沙漠化土地预警理论框架（李诚志）

二、沙漠化累加预警模型的构建

沙漠化灾害不像其他突发性的地质灾害，如地震、海啸、泥石流、山洪暴发、暴雨等，其成灾过程相对缓慢，一般需要 10 年或者更长的时间。如，黄银洲、王乃昂等（2009）对毛乌素沙地的沙漠化演变研究发现该地区从唐代中期就开始退化。董光荣等（2002）对腾格里沙漠、塔克拉玛干沙漠、浑善达克沙地等地的地层进行研究，发现其沙漠化发生时间更长，几乎都在第 4 纪以前就发生了。可见沙漠化发生的速度是如此的缓慢。其次是沙漠化在缓慢的形成过程中间还存在波动性。再次沙漠化灾害还具有累加效应，即上一年或上十年形成的沙漠化对现在或将来都可能产生影响。也就是说沙漠化灾害形成与发展都是在上一次的基础上形成的，而不像其他突发性的灾害，一次成灾对下一次几乎没有影响。

考虑到沙漠化的缓慢性、变化性（波动性）、累加性，其预警模型应该同时具有静态性、动态性和累加性。于是本文在王君厚（2001）提出区域性预警模型的基础上进一步改进，实现预警模型的静态性、动态性和累加性。

1. 静态预警模式

静态预警考虑的是整个区域的沙漠化程度（表 11-1），其计算公式为：

$$S = \frac{\sum D_i A_i}{A_0 + \sum A_i}$$

式中，S 为区域土地沙漠化现状预警指数；D_i 为第 i 级沙漠化土地等级值（轻度沙漠化为 1，中度沙漠化为 2，重度沙漠化为 3）；A_i 为第 i 级沙漠化土地面积；A_0 为该地区非沙漠化土地面积。

表 11-1 土地沙漠化危险程度划分

程度	轻	中	强
指数范围	0.01≤S<0.50	0.50≤S<1.00	S≥1.00

2. 动态预警模式

动态预警即考虑到不同时期同一地域的沙漠化静态预警等级变化，其计算公式为（表 11-2）：

$$I_{n-m} = \frac{S_n - S_m}{n - m}$$

式中 I_{n-m} 为从 m 年到 n 年的沙漠化动态预警指数，S_n 为第 n 年的沙漠化静态预警指数，S_m 为第 m 年沙漠化静态预警指数。

表 11-2 宁夏沙漠化动态监测及预测值　　　　　单位：万 hm²

年度	1994	1999	2004	2009	2014	2019	2024
轻度	62.2	64.3	68.59	69.43	75.49	73.74	73.8
中度	20.6	21.3	16.51	17.76	20.9	17.75	17.49
强度	19.2	15.3	18.75	17.22	8.14	11.91	11.89
极强度	23.6	19.9	14.29	11.81	7.92	5.08	2.64
总面积	125.6	120.8	118.14	116.22	112.45	108.48	105.82

3. 累加预警模式

同时考虑到沙漠化的累加性，对动态预警的变化性进行累加（表 11-3，表 11-4）。

$$E_d^{\,n} = \frac{\sum_{i=1}^{n} (U_n - U_0)}{n}$$

式中 $E_d^{\,n}$ 为对第 n 年的沙漠化预警程度，U_n 为第 n 沙漠化等级，U_0 为基期年的沙漠化等级，n 为第 n 年。其中沙漠化等级赋值为：非沙漠化赋值为 0，轻度沙漠化赋值为1，中度沙漠化赋值为2，重度沙漠化赋值为3，极重度沙漠化赋值为4。

表 11-3　宁夏土地沙漠化预警系数

年度	1994	1999	2004	2009	2014	2019	2024
S	0.805	0.732	0.677	0.642	0.546	0.521	0.546
I	—	-0.015	-0.011	-0.007	-0.019	-0.005	0.005
E_1	—	-4.60	-4.04	-3.44	-4.10	-3.60	-3.35
E_2	—	-4.60	-3.47	-2.23	-4.89	-1.62	-2.06

注：E_1基期为1994年，E_2基期为每一期上年

表 11-4　沙漠化预警程度判别

预警等级	已减轻	重度减轻	中度减轻	轻度减轻	可能变化	轻度预警	中度预警	重度预警	极重度预警
值域范围	[-5, -2)	[-2, -1)	[-1, -0.5)	[-0.5, 0)	0	(0, 0.5]	(0.5, 1]	(1, 2]	(2, 5]

三、预警模式分析

从表11-3、图11-4中可以看出，静态预警中宁夏土地沙漠化程度处于中等危险，危险系数逐年下降。$y=-0.0475x+0.8284$（$R^2=0.9172$）。动态预警，I为正值时，沙漠化趋于发展，I值为负时，沙漠化趋于逆转。I正值越大，区域性土地沙漠化发展越强烈，I负值越大，治理逆转效果越明显。宁夏土地沙漠化正处于治理逆转效果。从累加预警趋势来看，宁夏土地沙漠化预警等级处于已减轻的状态。

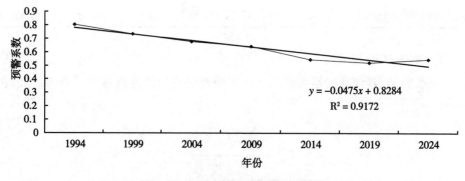

$$y = -0.0475x + 0.8284$$
$$R^2 = 0.9172$$

图 11-4　宁夏土地沙漠化静态预警

四、沙漠化的损失风险预警

沙漠化是一种自然灾害，其发生时必然与其他灾害发生时一样会造成不同程度的经济损失。从人类自身角度来讲，人类关注沙漠化并不是关注沙漠化本身以及沙漠化状态的变化，而是关注沙漠化发生对人类经济活动造成的经济损失，以及沙漠化发生时给人类生活带来的影响。因此，从人类自身利益角度来看待沙漠化预警，应该包含沙漠化发生时产生的经济损失，即沙漠化的损失风险预警。

1. 沙漠化经济损失

沙漠化经济损失由两部分组成，一是生态经济损失，二是直接经济损失。经济损失计算公式如下：

$$L = L_S + L_Z$$
$$L_S = A_i \times D_i \times (M_i C + N_i B)$$

式中，L_S 为区域土地沙漠化生态经济损失；A_i 为第 i 级沙漠化土地面积；D_i 为第 i 级沙漠化土地侵蚀模数；M_i 为第 i 级沙漠化土地有机质损失率；N_i 为第 i 级沙漠化土地 NPK 损失率；C、B 为有机质、NPK 转化参数。

$$L_Z = A_i \times J_i \times K$$

式中，L_Z 为区域土地沙漠化直接经济损失；A_i 为第 i 级沙漠化土地面积；J_i 为第 i 级沙漠化土地产量损失；K 为产量转化参数（具体见表 11-5）。

随着沙漠化面积的减少（表 11-5），土壤流失由基期的 3242.50 万吨减少到 1473.04 万吨，减少 1769.46 万吨，年减少损失 88.47 万吨；有机质流失由基期的 7.55 万吨减少到 5.00 万吨，减少 2.55 万吨，年减少损失 1275 吨；NPK 流失由基期的 28.99 万吨减少到 15.34 万吨，减少 13.65 万吨，年减少损失 0.68 万吨；产量损失由基期的 66.20 万吨减少到 37.18 万吨，年减少损失 1.45 万吨；生态和直接经济损失金额按照 2014 年价格计算损失金额由基期的 89 520 万元减少到 47 920 万元，年减少损失 2080 万元。

2. 灾害损失预警

沙漠化发生在不同的地域其对人类的影响不同，不同地域发生同样的沙漠化对人类产生的损失也不一样，因此需要关注沙漠化带来的损失。特别是从人类自身安全角度的预警来看，其必须关注沙漠化带来损失的大小。因此，本文所讲的沙漠化风险即发生沙漠化灾害可能造成的经济损失，以及给人类带来的影响。

$$P = T \times E \times L$$

式中 P 为沙漠化损失风险的警度，T 为致灾因子的危险性，E 为沙漠化状态预警的警度，L 为灾害造成的经济损失。

表11-5 宁夏土地沙漠化生态、经济损失估算

年度	退化程度	侵蚀模数 (吨/hm²)	面积 (万hm²)	土壤流失量 (万吨)	有机质 %	有机质 万吨	NPK %	NPK 万吨	转化参数 有机质(元/吨)	转化参数 NPK(元/吨)	生态经济损失金额 (万元)	产量下降 (kg/hm²)	产量损失 (万吨)	转化参数 (元/吨)	直接经济损失金额 (万元)
1994	轻度	2.6	62.2	161.72	1.0	1.62	1.8	2.91	120.00	2600.00	7760.40	150	9.33	200.00	1866.00
	中度	11.3	20.6	232.78	0.5	1.16	1.4	3.26	120.00	2600.00	8615.20	375	7.73	200.00	1546.00
	强度	50.0	19.2	960	0.3	2.88	1.0	9.60	120.00	2600.00	25 305.60	900	17.28	200.00	3456.00
	极强度	80	23.6	1888	0.1	1.89	0.7	13.22	120.00	2600.00	34 598.80	1350	31.86	200.00	6372.00
	合计	—	125.6	3242.5	—	7.55	—	28.99	—	—	76 280.00	—	66.20	—	13 240.00
1999	轻度	2.6	64.3	167.18	1.0	1.67	1.8	3.01	120.00	2600.00	8026.40	150	9.65	200.00	1930.00
	中度	11.3	21.3	240.69	0.5	1.20	1.4	3.37	120.00	2600.00	8906.00	375	7.99	200.00	1598.00
	强度	50.0	15.3	765	0.3	2.30	1.0	7.65	120.00	2600.00	20 166.00	900	13.77	200.00	2754.00
	极强度	80	19.9	1592	0.1	1.59	0.7	11.14	120.00	2600.00	29 154.80	1350	26.87	200.00	5374.00
	合计	—	120.8	2764.87	—	6.76	—	25.17	—	—	66 253.20	—	58.27	—	11 654.00
2004	轻度	2.6	68.59	178.334	1.0	1.78	1.8	3.21	120.00	2600.00	8559.60	150	10.29	200.00	2058.00
	中度	11.3	16.51	186.563	0.5	0.93	1.4	2.61	120.00	2600.00	6897.60	375	6.19	200.00	1238.00
	强度	50.0	18.75	937.5	0.3	2.81	1.0	9.38	120.00	2600.00	24 725.20	900	16.88	200.00	3376.00
	极强度	80	14.29	1143.2	0.1	1.14	0.7	8.00	120.00	2600.00	20 936.80	1350	19.29	200.00	3858.00
	合计	—	118.14	2445.597	—	6.67	—	23.20	—	—	61 120.40	—	52.65	—	10 530.00

年度	退化程度	侵蚀模数（吨/hm²）	面积（万hm²）	土壤流失量（万吨）	有机质 %	有机质 万吨	NPK %	NPK 万吨	转化参数 有机质（元/吨）	转化参数 NPK（元/吨）	生态经济损失金额（万元）	产量下降（kg/hm²）	产量损失（万吨）	转化参数（元/吨）	直接经济损失金额（万元）
2009	轻度	2.6	69.43	180.52	1.0	1.81	1.8	3.25	120.00	2600.00	8667.20	150	10.41	200.00	2082.00
	中度	11.3	17.76	200.69	0.5	1.00	1.4	2.81	120.00	2600.00	7426.00	375	6.66	200.00	1332.00
	强度	50.0	17.22	861.00	0.3	2.58	1.0	8.61	120.00	2600.00	22 695.60	900	15.50	200.00	3100.00
	极强度	80	11.81	944.80	0.1	0.94	0.7	6.61	120.00	2600.00	17 298.80	1350	15.94	200.00	3188.00
	合计	—	116.22	2187.01	—	6.34	—	21.28	—	—	56 088.80	—	48.52	—	9704.00
2014	轻度	2.6	75.49	196.27	1.0	1.96	1.8	3.53	120.00	2600.00	9413.20	150	11.32	200.00	2264.00
	中度	11.3	20.9	236.17	0.5	1.18	1.4	3.31	120.00	2600.00	8747.60	375	7.84	200.00	1568.00
	强度	50.0	8.14	407.00	0.3	1.22	1.0	4.07	120.00	2600.00	10 728.40	900	7.33	200.00	1466.00
	极强度	80	7.92	633.60	0.1	0.63	0.7	4.44	120.00	2600.00	11 619.60	1350	10.69	200.00	2138.00
	合计	—	112.45	1473.04	—	5.00	—	15.34	—	—	40 484.00	—	37.18	—	7436.00

沙漠化的致灾因子包括自然因子和人为因子，其中自然因子有风速、降水量、蒸发量、地形地貌、土壤类型、土壤水分、地下水位、地下水质等因素，其人为因子有人口数量、土地利用结构、经济社会发展等。鉴于沙漠化影响因子对沙漠化贡献的模糊性、不确定性以及相互相关性，本文在确定各因子的权重时采用专家咨询法和层次分析法进行。构建致灾因子的危险性（T）模型如下：

$$T = \sum \left(\begin{matrix} W_d \times R_1 + D_r \times R_2 + G_p \times R_3 + S_i \times R_3 + V_c \times \\ R_4 + L_u \times R_5 + E_d \times R_6 + P_m \times R_7 \end{matrix} \right)$$

式中 T 为沙漠化致灾因子的危险性，W_d 为风速，D_r 为干燥度，G_p 为地貌类型，S_1 为土壤类型，V_c 为植被盖度，L_u 为土地利用结构，E_d 为经济指标，P_m 为人口数量。R_1、R_2、R_3、R_4、R_5、R_6、R_7 为权重，且 $R_1 + R_2 + R_3 + R_4 + R_5 + R_6 + R_7 = 1$。沙漠化灾害对不同的土地利用类型造成的损失不同，本文以土地利用分类（如表 11-6 所示）为基础构建沙漠化灾害损失，其公式为：

$$L = C_1 + M_d + F_1 + C_s + W_1 + B_1$$

表 11-6　沙漠化损失风险预警程度判别　　　　　　　　单位：$10^4/hm^2$

预警等级	已减轻	重度减轻	中度减轻	轻度减轻	可能变化	轻度预警	中度预警	重度预警	极重度预警
值域范围	[-60, -2)	[-2, -1)	[-1, -0.5)	[-0.5, 0)	0	(0, 0.5]	(0.5, 1]	(1, 2]	(2, 60]

注："["表示包括，"）"表示不包括

式中 L 为沙漠化灾害造成的经济损失；C_1 为沙漠化造成耕地的损失；M_d 为沙漠化造成草地的损失；F_1 为沙漠化造成林地的损失；C_s 为沙漠化造成建设用地的损失；W_1 为沙漠化对湿地造成的损失；B_1 为沙漠化对其他未利用地造成的损失。沙漠化损失风险预警和沙漠化状态风险预警进行对比，发现沙漠化损失风险预警更关注于沙漠化给人类和自然生态系统带来的损失，其确定的警情比沙漠化状态预警更加偏向于人类，适合于沙漠化的治理。

第十二章　土地利用结构变化对沙漠化的影响

一、土地利用空间格局变化分析

景观生态学成为土地利用空间格局研究的主要理论基础。景观指数成为衡量区域生态质量和土地利用状态的重要参考指数，本文选取常用的生态景观学指数，对研究区的土地利用空间格局特征进行分析研究。由于景观格局指数较多，且很多指标之间的相关性较大，本文以反映土地利用景观结构为目的，故采用最能反映景观基本结构特征的指数，即景观多样性指数、景观优势度指数、景观均匀度指数来说明宁夏土地利用空间格局变化特征。

1. 分析方法

（1）景观多样性指数。土地利用多样性指数的大小反映土地利用类型的多少以及各土地利用类型所占比例的均匀程度，是对土地利用类型多样性和复杂性进行大小衡量的指标。土地利用多样性指数可表达为公式：

$$SHDI = -\sum_{i=1}^{m} (p_i) \times \ln(p_i)$$

式中：$SHDI$ 为土地利用景观多样性指数，p_i 为 i 类土地利用类型面积占总面积的比例，m 为土地利用类型斑块总数，对数的底取 e。当值为 0 时，说明土地由单一的利用类型组成，景观是均质；当 $SHDI$ 值越大，说明土地利用类型越丰富，景观组成越复杂，并且各种土地利用类型所占的比例相差不大。

（2）景观优势度指数。优势度指数表示土地利用多样性对最大多样性之间的偏差，表明土地利用组成中某种或某些土地利用类型支配土地利用的景观程度。土地利用优势度表示如下：

$$DO = H_{max} - H = H_{max} + \sum_{i=1}^{m} (p_i) \times \ln(p_i)$$

式中：H_{max} 为最大均匀性条件下的多样性指数，即景观的最大可能多样性，该指标和景观类型多样性指数一样，但呈现完全负相关关系。优势度越大，表明各土地利用类型所占比例差别越大；优势度小，表明各类型所占比例相当；优势度为 0 时，表明各土地利用类型所占比例相等，没有任何一种土地利用类型占有优势。

（3）景观均匀度指数。均匀度用于描述土地利用中不同类型分配的均匀程度，该指数反映了最大均匀性条件下的多样性指数，其公式如下：

$$SHEI = (H/H_{max}) \times 100\% \qquad H = -\ln\left[\sum_{i=1}^{m}(p_i)^2\right]$$

其中，H 为修正过的多样性指数。可以看出，景观均匀度指数和景观优势度都是从不同的侧面说明景观多样性特征的指数，可以相互验证。当 $SHEI$ 接近 1，表示土地利用类型各组分所占面积的比例相差不大，区域均匀程度越大。

2. 结果与分析

（1）土地利用多样性变化。1994 年至 2014 年期间（表 12-1），由于区域经济发展，人口素质的提高和一系列退耕还林（草）工程及各种生态工程的建设，使得大量的耕地，尤其是坡耕旱地转化为林草地，耕地年均减少 0.23 万 hm^2，园地年均增加 0.12 万 hm^2，林地年均增加 2.04 万 hm^2，草地年均减少 2.46 万 hm^2，水利用地年均增加 0.63 万 hm^2。

表 12-1　宁夏土地利用结构变化　　　　　单位：万 hm^2

年份	耕地	园地	林地	牧草地	居民点	交通	水利	未利用
1994	132.96	2.73	36.29	260.02	15.62	3.36	4.99	63.58
1999	126.85	2.80	26.72	246.72	15.81	3.36	3.02	94.27
2004	110.33	3.34	59.45	229.35	17.43	3.69	4.64	95.32
2009	110.78	3.41	60.60	234.47	19.02	4.32	15.29	71.66
2014	128.44	5.15	77.16	210.74	25.70	7.53	17.66	47.17
1994—2014	-4.52	2.42	40.87	-49.28	10.08	4.17	12.67	-16.41
年变化	-0.23	0.12	2.04	-2.46	0.50	0.21	0.63	-0.82

表 12-2　土地利用多样性

年份	SHDI	DO	SHEI
1994	1.345	0.734	0.523
1999	1.357	0.722	0.545
2004	1.439	0.640	0.599

年份	SHDI	DO	SHEI
2009	1.510	0.569	0.605
2014	1.583	0.496	0.648

由于人们对沙漠化和水土流失等土地利用生态问题的治理，使得土地利用多样性逐年上升，从 1994 年的 1.345 增加到 2014 年的 1.583。土地利用优势度指数呈减小趋势，从 1994 年的 0.734 下降到 2014 年的 0.496。也说明单一景观或者少数占主导地位的景观面积呈下降趋势，使得土地利用景观类型越来越丰富，景观稳定性越来越好。在此期间，景观均匀度指数均呈增大趋势，从 1994 年的 0.523 上升到 2014 年的 0.648，均匀度指数的增加说明研究区不同利用类型的土地面积分布呈均匀化趋势，也从侧面反映了景观变化区域多样性和稳定性（表 12-2）。

沙化面积随着土地利用多样性的增加而减少（图 12-1），随着土地利用优势度的降低而降低，说明宁夏近年来，合理的土地利用，对沙漠化面积减少起到一定的作用。通过 DPS 系统逐步回归，沙化面积与牧草地、水利用地、未利用地之间呈线性相关（表 12-3）。

$$y = 87.1465 + 0.1529x_{(牧草地)} - 0.3059x_{(水利)} - 0.0302_{(未利用)} \quad (R_2 = 0.9977)$$

表 12-3　方差分析

变异来源	平方和	自由度	均方	F 值	p 值
回归	72.3074	3	24.1025	147.9828	0.0603
残差	0.1629	1	0.1629	—	—
总变异	72.4703	4	—	—	—

通过采用 TOPSIS 法进行分析，基本思路是，首先将指标同趋势化，消除不同指标不同纲量及其数量级的差异对评价结果的影响，然后在此基础上对数据进行归一化处理（表 12-4）。找出有限方案中最优方案和最劣方案，分别计算各评价方案与最优和最劣方案的距离，获得各评价方案与最优方案的相对距离，以此作为评价各方案优劣的依据。

土地利用结构最好的是 2009 年，最差的是 1994 年，其他依次为 2014 年 > 2004 年 > 1999 年。

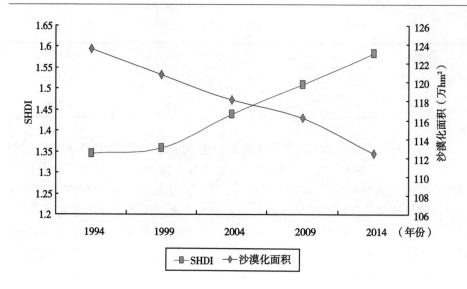

—■—SHDI —◆—沙漠化面积

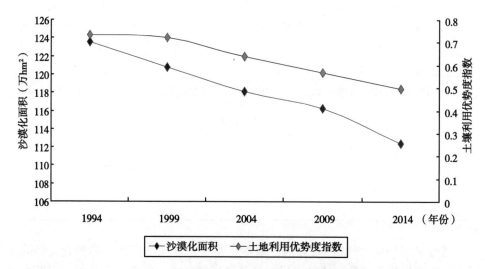

—◆—沙漠化面积 —◆—土壤利用优势度指数

图 12-1 沙漠化面积与土地利用多样性指数

表 12-4 不同年份土地利用结构排序指标值

年份	D+	D−	统计量 CI	名次
1994	0.7146	0.3936	0.3552	5
1999	0.7844	0.4505	0.3648	4
2004	0.6018	0.4992	0.4534	3

（续表）

年份	D+	D-	统计量 CI	名次
2009	0.3433	0.6365	0.6496	1
2014	0.4658	0.7853	0.6277	2

（2）土地利用与沙漠化程度之间关系。从表 12-5 中，耕地与中度沙漠化关联性最强，园地、林地、居民点、交通、水利用地与轻度沙漠化关联性最强；牧草地、未利用地与极强度沙漠化关联性最强。沙化土地面积关联性大小依次为：牧草地（0.7207）>未利用地（0.4223）>耕地（0.3471）>园地（0.3274）>交通（0.2783）>居民点（0.2739）>林地（0.2079）>水利（0.1666）。

表 12-5　土地利用结构与沙漠化程度之间关联性分析

关联矩阵	轻度	中度	强度	极强度	总面积
耕地	0.1565	0.4715	0.2187	0.3277	0.3471
园地	0.6129	0.2355	0.2744	0.3443	0.3274
林地	0.5180	0.1984	0.3411	0.1857	0.2079
牧草地	0.2351	0.2783	0.3498	0.6499	0.7207
居民点	0.6156	0.2327	0.2899	0.3038	0.2739
交通	0.5193	0.2516	0.2755	0.2905	0.2783
水利	0.4569	0.2674	0.2186	0.1699	0.1666
未利用地	0.2374	0.3005	0.3279	0.3845	0.4223

表 12-6　土地利用结构与沙漠化程度之间秩相关分析

因子	轻度	中度	强度	极强度	轻度	中度	强度	极强度
耕地	-0.2584	0.9294	-0.3407	0.4402	0.67	0.02	0.57	0.46
园地	0.9523	0.0992	-0.8788	-0.8662	0.01	0.87	0.05	0.06
林地	0.9333	-0.3726	-0.5448	-0.9223	0.02	0.54	0.34	0.03
牧草地	-0.9808	0.2078	0.7423	0.9599	0.00	0.74	0.15	0.01
居民点	0.9474	0.1257	-0.8839	-0.8697	0.01	0.84	0.05	0.06
交通	0.9031	0.2415	-0.9176	-0.8031	0.04	0.70	0.03	0.10
水利	0.7265	0.1635	-0.6746	-0.7163	0.16	0.79	0.21	0.17
其他	-0.4866	-0.4082	0.5916	0.3692	0.41	0.50	0.29	0.54

从表 12-6 中，耕地与中度沙漠化相关系数呈显著水平（$P<0.05$），说明近年来农业耕作技术对中度沙漠化的生成具有积极作用。园地、居民点用地与轻度沙漠化相关系数呈极显著水平（$P<0.01$）；林地、交通与轻度沙漠化相关系数呈显著水平（$P<0.05$）；牧草与轻度沙漠化呈极显著负相关（$P<0.01$），与极强度沙漠化呈极显著正相关（$P<0.01$），表明牧草对轻度沙漠化生成有抑制作用，对极强度沙漠化有促进作用。说明放牧利用等会对沙漠化起作用。

二、土地利用生态安全对沙漠化的影响

土地利用生态安全，是针对因土地利用的宏观结构调整或布局对环境与生态的可能性影响做出的预测性评估，在宁夏开展土地利用生态安全评价更是目前对生态脆弱、敏感区的重要研究内容之一。利用综合指数法确定研究区土地利用生态安全等级。研究宁夏中部干旱带土地利用生态安全空间分布状态，为土地利用格局优化提供数据及空间布局支持，对研究区后期的土地利用政策、土地利用管理方式和土地利用模式有重要意义。

1. 研究方法

（1）生态环境系统弹性度。该指标综合反映了区域生态环境质量状况即生态系统的缓冲与调节能力大小，也反映了人类对生态环境的响应程度，即对区域的开发强度和保护措施大小。生态环境系统具有弹性限度，在内外扰动或压力不超过其弹性限度时，其本身具有自我调节和自我恢复能力，可以通过一段时间的调节恢复到原有状态，这就是生态环境系统弹力。但这种恢复自我原来情况的弹力是有一定限度的，而生态系统弹性大小取决于生态环境系统的性质。对于特定生态环境系统，由于系统由多种植被类型构成，生态环境弹性度不仅取决于各构成因子的自身状况，还取决于构成生态环境系统总体的各因子组成状况。一般情况，系统组成越复杂、多样化，各构成类型的健康与安全状况越好，系统的弹性范围就越大，如由林地、水域、农田共同构成的复合生态环境系统，其弹性限度肯定高于由单一农田组成的生态环境系统。生态环境弹性度的计算模型为：

$$ECO = SHDI \sum_1^{10} S_i \ln S_i \times \sum^{10} S_i \times P_i$$

其中，ECO 为生态环境弹性度，分为 10 级；S_i 为土地利用类型 i 的斑块面积占总面积的比例；P_i 为地类的弹性分值；$SHDI$ 为景观多样性指数。P_i 可以通过植被覆盖度、区域生产力确定；由于生态系统的弹性度大小除了和地被覆盖度大小有关外，还与地物类型的多样性有关，所以采用多样性指数综合表征研究区域生态系统弹性大小。依据生态环境弹性度的意义和宁夏区域特征，对研究区 8 种

土地利用类型（表12-7），由地被覆盖指数和咨询专家意见相结合确定生态系统弹性度，将其分为10级，具体见表12-8。

表 12-7　宁夏土地利用结构变化比例　　　　　　　　　　单位：%

年份	水地	旱地	园地	林地	牧草地	居民点	交通	水利	其他
1994	3.35	22.24	0.53	6.98	50.05	3.01	0.65	0.96	12.24
1999	4.02	20.40	0.54	5.14	47.49	3.04	0.65	0.58	18.14
2004	2.93	18.31	0.64	11.44	44.14	3.35	0.71	0.89	17.58
2009	3.66	17.66	0.66	11.66	45.13	3.66	0.83	2.94	13.79
2014	3.62	21.10	0.99	14.85	40.56	4.95	1.45	3.40	9.08

表 12-8　宁夏生态环境弹性度 Pi 分类

土地类型	分值	说明	人为影响强度系数
水田	2.2	对维护生态环境弹性有一定意义，必须慎重利用，清理维护	0.59
旱地	1.4	对维护生态环境弹性有一定意义，必须慎重利用，清理维护	0.42
林地	10.0	林地对生态环境弹性有决定意义	0.13
高覆盖度草	8.6	若管理和维护好，可大大提高区域生态环境弹性限度值	0.11
中覆盖度草	7.1	对维护生态环境弹性有较大意义，必须加强管理和有效保护	0.10
低覆盖度草	5.7	对维护生态环境弹性有较大意义，必须加强管理和有效保护	0.09
建设用地	2.9	对维护生态环境弹性意义较小，必须慎重利用，强力维护	0.94
水域	4.3	对维护生态环境弹性有较大意义，必须慎重利用，强力维护	0.14
未利用地	0.0	对生态环境弹性贡献相对小，是生态整治和用地调整的重点	0.06

（2）人类干扰强度。基于使生态系统恢复的人类活动干扰是指，人类出于多种目的采取不同的方式对生态环境进行或改善或破坏其自然演化进程发生改变的程度。不同的人类活动就会产生不同的用地类型及不同的景观格局，不同的景观格局正好反映了人类对生态系统的干扰程度。本文借鉴人为影响综合指数（HEI）定性评价研究区的人类干扰强度，具体见公式：

$$HEI = \sum_{i=1}^{N} A_i P_i / TA$$

式中，HEI 为区域人类对生态环境干扰强度；A_i 为第 i 种土地利用类型所反映的人为影响强度系数；P_i 为第 i 种土地利用类型面积；TA 为研究区总面积。参考基于"社会—经济—自然"系统和景观格局对干旱区人类活动干扰强度的定量研究及结果，确定宁夏人类活动对各类土地利用类型的人为影响强度系数，具体见表 12-8。

（3）生物丰度指数。结合宁夏面临的主要生态环境问题，通过计算森林、水域、草地等生态系统的等效面积占区域土地总面积的比重得到；间接地反映区域内生物多样性的丰贫程度。计算公式为：

$$BAI = \frac{0.11A_a + 0.35A_f + 0.21A_g + 0.19A_w + 0.04A_c + 0.10A_u}{A_t}$$

式中，BAI 表示生物丰度指数；A_a 表示耕地面积；A_f 表示林地面积；A_g 表示草地面积；A_w 表示水域面积；A_c 表示建设面积；A_u 表示未利用面积；A_t 表示耕地面积。

（4）生态服务价值。土地利用方式的变化不仅改变了生态系统的结构，还改变了生态系统的功能。土地是各种陆地生态系统的载体，生态系统类型在土地利用中表现为土地利用类型。土地利用结构的变化引起各种土地利用类型种类、面积和空间位置的变化，即导致了各类生态系统类型、面积以及空间分布的变化，不同的生态系统有着不同的生态服务功能，生态系统类型、面积以及空间分布的变化直接影响生态系统所提供服务的大小和种类。同时土地利用变化还改变了自然景观面貌和影响景观中的物质循环和能量分配，它对区域气候、土壤、水量和水质的影响是极其深刻的。这些影响也会从生态系统服务功能价值的变动中表现出来。

2. 结果与分析

表 12-9 宁夏生态环境弹性度 Pi 分类

年份	ECO	HEI	BAI
1994	17.4470	21.62	0.1751
1999	16.1834	21.07	0.1672
2004	18.2222	20.41	0.1800
2009	19.4415	21.11	0.1825
2014	20.6876	24.16	0.1859

（1）生态环境系统弹性度。由于土地利用类型的变化，宁夏生态系统弹性度逐渐增加，综合反映了区域生态环境质量状况即生态系统的缓冲与调节能力大

小，也反映了人类对生态环境的响应程度，即对区域的开发强度和保护措施大小。弹性最大是在 2014 年，最小是在 1999 年。其他依次为 2009 年>2004 年>1994 年。弹性的大小也反映了人类活动的大小。随着沙漠化总面积的减少，生态系统弹性也逐渐增加。

（2）人类干扰强度。基于使生态系统恢复的人类活动干扰是指，人类出于多种目的采取不同的方式对生态环境进行或改善或破坏其自然演化进程发生改变的程度。不同的人类活动就会产生不同的用地类型及不同的景观格局，不同的景观格局正好反映了人类对生态系统的干扰程度。从表 12-9 中可以看出，人类干扰强度从 1994—2004 年减少，从 2004—2014 年逐渐上升。通过人类干扰强度与沙漠化面积之间相关性分析（表 12-10）。只有强度沙漠化与人类干扰系数之间存在显著关系。相关系数为负值，表明人类干扰强度越大，强度沙漠化面积就越小，表明人类活动干扰是有选择正向的干扰。

表 12-10　人类干扰强度与沙漠化面积相关性

因子	轻度	中度	强度	极强度	沙化土地	HEI
轻度		0.8041	0.1268	0.0044	0.0013	0.2298
中度	−0.1545		0.3934	0.6208	0.7857	0.3163
强度	−0.7711	−0.4978		0.2257	0.1392	0.0403
极强度	−0.9762	0.3025	0.6597		0.0011	0.3888
沙化土地	−0.9894	0.1691	0.7561	0.9905		0.2806
HEI	0.6554	0.5694	−0.8948	−0.5020	−0.6041	

（3）生物丰度。通过计算森林、水域、草地等生态系统的等效面积占区域土地总面积的比重得到；间接地反映区域内生物多样性的丰贫程度。从表 12-8 中可以看出，生物丰度与宁夏生态系统弹性度逐渐趋势一致。生物丰度植被的良好情况，随着生物丰度的增加，沙漠化总面积的减少。

（4）土地利用生态服务价值。从表 12-11 中可以看出，随着宁夏土地利用结构的变化，生态服务价值也在逐渐变化，逐年上升。从 1994 年的 395.0 亿元上升到 2014 年的 665.13 亿元，增加了 270.13 亿元，年增加 13.51 亿元。耕地、牧草地、建设用地减少了服务价值，林地、园地、水利等增加了生态服务价值。说明宁夏土地利用结构趋于合理利用。随着生态用地的增加，沙漠化面积也在逐渐减少。

表 12-11　宁夏土地利用生态服务价值变化　　单位：元/hm² 亿元

年份	耕地	园地	林地	牧草地	建设用地	水利	其他	合计
价值	6114.30	9050.9	12 004.12	6464.60	-2145.80	202 975.40	371.40	—
1994	81.30	2.47	43.56	168.09	-4.07	101.28	2.36	395.00
1999	77.56	2.53	32.08	159.49	-4.11	61.30	3.50	332.35
2004	67.46	3.02	71.36	148.27	-4.53	94.18	3.54	383.30
2009	67.73	3.09	72.74	151.58	-5.01	310.35	2.66	603.14
2014	78.53	4.66	92.62	136.23	-7.13	358.45	1.75	665.13
变量	-2.77	2.19	49.06	-31.86	-3.06	257.17	-0.61	270.13

（5）土地利用与生态安全系数相关性分析。从表 12-12 中，园地、居民点、水利用地与生态系统弹性度呈显著水平（$P<0.05$），交通用地与人类干扰强度之间呈显著水平（$P<0.05$），说明近年来交通用地与人类干扰密切相关。林地与生态系统弹性度、生物丰度之间呈极显著相关（$P<0.01$），林业建设用地对宁夏生态起到了积极的作用。

表 12-12　土地利用与生态安全系数相关性分析

因子	相关系数			显著性		
	ECO	HEI	BAI	ECO	HEI	BAI
水地	-0.1681	0.2635	-0.3986	0.79	0.67	0.51
旱地	-0.1957	0.5234	-0.2848	0.75	0.37	0.64
园地	0.8771	0.8456	0.7759	0.05*	0.07	0.12
林地	0.9616	0.5452	0.9667	0.01**	0.34	0.01**
牧草地	-0.8101	-0.5680	-0.7512	0.10	0.32	0.14
居民点	0.8971	0.8610	0.7832	0.04*	0.06	0.12
交通	0.8528	0.9162	0.7237	0.07	0.03*	0.17
水利	0.9310	0.6898	0.8288	0.02*	0.20	0.08
其他	-0.7136	-0.8675	-0.6152	0.18	0.06	0.27

第十三章　基于 DPSIR 模型对宁夏沙漠化综合治理评价

DPSIR（Driving Force–Pressure–State–Impact–Response Framework）概念模型是由 OECD 在 1993 年提出，并为欧洲环境局所发展。在 DPSIR 概念模型中，驱动力（Driving Force）是指造成环境变化的潜在原因；压力（Pressure）是指人类活动对其紧邻的环境以及自然环境的影响，是环境的直接压力因子，例如土地沙漠化、干旱缺水等；状态（State）是指环境在上述压力下所处的状况，如人均纯收入、土地生产力等；影响（Impact）是指系统所处的状态对人类健康和社会经济结构的影响；响应（Response）过程表明人类在促进可持续发展进程中所采取的对策和制定的积极政策，如提高水资源利用效率、退耕还林还草、增加投资等措施。模型重视和强调决策者与公众的广泛参与，鼓励对不同问题的讨论以达成共识，提高政策的制定与执行效率。已有的研究表明，DPSIR 模型强调经济运作及其对环境的影响之间的联系，具有综合性、系统性、整体性、灵活性等特点，能揭示环境与经济的因果关系并有效整合资源、发展、环境与人类健康。

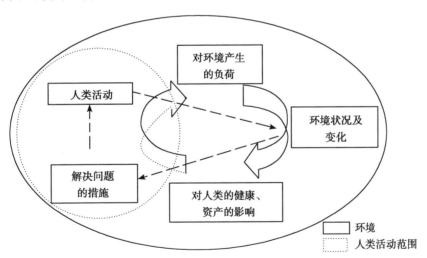

图 13-1　DPSIR 基本原理（高波，2007）

一、宁夏沙漠化土地动态 DPSIR 模型

沙漠的形成、发展与变化，可以说不是由单一因素造成的，而且沙漠的形成因素也不是一成不变的，沙漠的形成是各种因素综合作用的结果。沙漠的形成因素是复杂多样的，是自然、环境和社会经济交互耦合的复杂过程。土地沙漠化系统分析及可持续发展评价涉及资源利用、环境保护、经济发展等方面，把资源科学、环境科学、社会科学等相关学科有效地综合在一起需要一个能够把复杂问题分解、简化，又能够把分解的各个部分有效综合的指导方法。DPSIR 模型是一种在环境系统中广泛使用的评价指标体系概念模型，它是作为衡量环境预警的一种指标体系而开发出来的，它从系统分析的角度看待人和环境系统的相互作用。它将表征一个自然系统的评价指标分成驱动力、压力、状态、影响和响应五种类型，每种类型中又分成若干种指标。DPSIR 模型是一种基于因果关系组织信息及相关指数的框架，根据这一框架，存在着驱动力→压力→状态→影响→响应的因果关系链（图 13-1）。表明了 DPSIR 的概念。除了表明社会发展及环境状态之间大致的相互作用，这些反馈由环境目标和社会为应对不合意的环境状态变化及由此造成的对人类生存环境的不利影响而采取的措施组成。借助于 DPSIR 概念模型有助于简化这一过程，通过全面分析生态系统的驱动力、压力、状态、影响和响应，有助于理解影响宁夏沙漠化过程中各因素的作用过程以及彼此之间的因果关系，从而为建立评价指标体系、实现预防沙漠化奠定基础（图 13-2）。

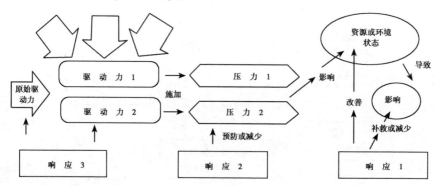

图 13-2 DPSIR 框架中各个指标间的关系（高波，2007）

二、宁夏土地沙漠化综合治理原理分析

土地沙漠化综合治理的内涵是在满足区域当代人口需求的同时，不能损害、剥夺后代和其他区域生存发展的能力，将"资源—人口—农业—环境"复合系统引向更加和谐、有效的状态。因此，土地沙漠化的预防应立足于发展生产、优化资源利用与保护环境，以经济、生态、社会效益的统一为目标，不能以牺牲一种效益为代价来换取另一种效益。土地沙漠化治理分析涉及资源利用、环境保护、经济发展等问题，如何把资源科学、环境科学、社会科学等相关学科有效地综合在一起，则需要一个能够把复杂问题分解、简化，又能够把分解的各个部分有效综合的指导方法。DPSIR 概念模型为农业可持续发展分析提供了较好的研究思路。

1. 驱动力分析

主要是指社会、经济、人口发展以及相应的人类生活方式和生产形式的改变对资源可持续发展和利用产生影响的指标。沙漠化过程主要有社会、气候、土地生产三个因素的驱动力。气候驱动力包括风速和气温两种。社会经济驱动力包括人口增长、经济增长等。土地驱动力主要是耕地种植面积、人均粮食消费以及家畜养殖量。由于农户在经济利益的驱动下，只注重收益而忽略了投入，造成该地区经济落后，而经济落后是生态环境恶化的强大驱动力，低水平的经济必然导致生态环境恶化——沙漠化的发生。贫困迫使人们对土地资源掠夺式开发和不合理利用，都将导致农业生产系统遭到严重破坏，形成了难以逆转的恶性循环。

2. 压力分析

随着人口的增长，对粮食的需求、其他经济活动在资源利用上与农业的竞争，尤其是对耕地资源的竞争。化肥使用量、人口密度、人均农林牧产值等农牧业生产是宁夏土地资源利用过程中主要面临的压力。土地资源利用率低是沙漠化发生的一个主要原因。

3. 状态分析

状态是土地资源在各种压力下的现实表现，是驱动力和压力共同作用的结果。宁夏风沙区水资源总量少，时间分布不均，空间分布变化大，夏秋多雨，冬春干旱少雨。水资源利用效率低，农业用水利用率不到 50%。由于城市工业、第

三产业的发展，城镇化得到提高。宁夏沙区的现状及其动态变化的监测是研究驱动力和压力的基础，也是分析"影响"和"响应"的出发点。由此看到，在沙漠化动态变化过程中加强农业系统现状研究的必要性和重要性。

4. 影响分析

土地资源好坏的状态与人类的生产、生活息息相关，不断变化的沙漠化会对人类生产和生活的诸多方面产生影响。沙漠化会影响农业的生产，土地生态承载力下降、土地生产力降低，粮食产量等都会受到影响，从而影响农牧民的经济收入，经济收入的多少影响消费、学生的入学等。

5. 响应分析

社会经济因素对于系统的压力，塑造了宁夏土地沙漠化系统的当前状态，系统的状态反过来又影响沙漠化的综合治理的结构及其生产能力、农产品的质量和数量，最终对人类健康造成影响。显然，为实现系统的可持续发展，就必须调整自身行为，即人类社会的响应。主要是通过调整包括诸如农田水资源投入、农机投入、林业建设、造林、能源开发利用等来实现的。

三、指标体系构建

1. 评价体系构建

建立的土地沙漠化治理体系的框架包括 3 个层次。第一是目标层，即预警综合评价；第二层是影响因素层，包括驱动力、压力、状态、影响和响应 5 个影响宁夏沙漠化土地沙漠化的因素；第三个是指标层，包括具体的指标项（图 13-3）。

（1）目标层。表达该指标体系的总目标，同时反映土地资源是可持续利用的。为了定量地反映宁夏沙漠化防治可持续利用趋势和整体效果，本文定义目标层为宁夏沙漠化土地综合治理可持续利用综合评价值。该评价是对宁夏沙漠化在治理利用过程中的经济、社会、资源、环境协调发展的综合体现。

（2）影响因素层。评价目标沙漠化治理综合评价的评价值大小由驱动力因子、压力因子、状态因子、影响因子、响应因子决定。

（3）指标层。指标层是描述沙漠化动态变化的一组基础性指标，这些指标是指标体系中最小的组成单位。

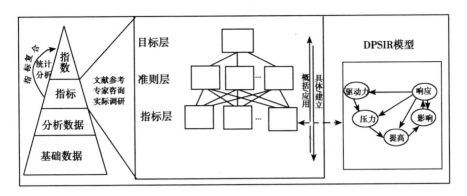

图 13-3 评价模式的构建（高波，2007）

2. 指标选取

在确定指标体系时，按照宁夏沙漠化的自然资源状况，环境压力状况和社会经济状况三个子系统进行选取。用指标体系测定沙漠化发生的这一综合性目标，其基本目的在于寻求一组具有典型代表意义、能全面反映这一综合性目标各方面的特征指标，这些指标及其组合能够恰当地表达人们对该综合目标的定量判断。因此，指标的选择和设置主要基于两方面的考虑，一是能够基本反映研究的目的，二是数据的可获得性。见表 13-1，构建了一个包含 34 个指标的沙漠化土地综合评价指标体系。该层次结构体系的目标层为综合性指标，总体反映宁夏沙漠化动态变化的程度和水平。

表 13-1 宁夏土地沙漠化动态 DPSIR 评价指标体系

目标层 O	准则层 A	准则层 B	指标层 C	单位	1990	1994	1999	2004	2009	2014
宁夏沙漠化 DPSIR 系统 0	系统驱动力 A	土地驱动力 B1	耕地种植面积 C1	万 hm²	79.60	80.70	129.30	110.50	113.60	128.90
			人均粮食消费 C2	kg	254.88	260.21	250.60	226.67	202.05	154.28
			家畜养殖规模 C3	万头	689.00	685.00	821.00	1034.00	931.00	1049.00
		社会驱动力 B2	人口增长率 C4	‰	18.82	13.73	12.32	11.18	9.68	8.57
			GDP 指数 C5	%	107.20	109.00	108.40	109.70	110.60	106.80
		气候驱动力 B3	风速 C6	m/s	2.20	3.00	2.90	2.90	2.20	2.00
			气温 C7	℃	9.60	9.60	10.30	9.80	10.30	10.80

（续表）

目标层O	准则层A	准则层B	指标层C	单位	1990	1994	1999	2004	2009	2014
宁夏沙漠化DPSIR系统O	系统压力A	土地压力B4	人均耕地 C8	亩	2.60	2.40	3.60	2.80	2.67	2.95
			化肥使用量 C9	万吨	46.10	55.20	75.50	84.20	96.70	106.90
			人口密度 C10	人/km²	70.18	75.30	81.31	87.95	94.16	99.62
		经济压力B5	人均农林牧产值 C11	元	530.00	916.00	1443.70	2149.50	3918.30	6771.50
			人均牛羊肉 C12	kg	13.50	16.90	31.60	35.80	37.38	39.46
		气候压力B6	大风日数 C13	天	5.00	16.00	9.00	23.00	11.00	9.00
			干旱指数 C14	K	21.00	24.00	14.00	9.00	13.00	8.00
	系统状态A	气候B7	年降水量 C15	mm	287.50	192.30	201.20	167.80	182.20	155.80
		土地资源状态B8	生态承载力 C16	$10^8 hm^2$	0.98	0.93	1.23	1.06	0.99	0.98
			单位面积产量 C17	kg/hm²	2408.33	2496.54	2291.26	2628.85	3009.74	2931.68
			人均水资源 C18	m³	180.30	178.00	166.57	168.84	134.71	152.17
		社会状态B9	非农业人口 C19	万人	354.30	374.43	387.89	379.97	392.42	396.66
			城镇化 C20	%	25.72	28.62	32.54	40.60	46.10	53.61
			农民教育程度 C21	%	27.10	31.20	38.90	44.72	42.13	41.43
	系统影响A	经济影响B10	人均纯收入 C22	元	594.28	910.45	1790.70	2320.01	4048.33	8410.00
			消费系数 C23	%	117.20	123.10	98.70	103.70	100.70	101.90
			初中生率 C24	%	28.44	27.23	31.82	38.73	43.96	44.18
		土地环境影响B11	沙漠化面积 C25	万hm²	126.90	125.60	120.80	118.14	116.22	112.45
			牧草地 C26	万hm²	260.15	260.02	243.78	229.35	234.47	210.74
			林地面积 C27	万hm²	28.88	36.29	27.68	59.45	60.60	77.15
	系统响应A	社会响应B12	可支配收入 C28	元	1421.00	2986.00	4473.00	7218.00	14025.00	23285.00
			人均粮食占有量 C29	kg	414.80	401.70	544.80	497.50	548.24	574.42
		土壤响应B13	农田水利投资 C30	亿元	0.70	1.00	1.58	12.21	68.68	157.05
			农机投入 C31	万瓦特	19.11	22.86	37.79	52.85	70.25	81.30
			林业投入指数 C32	%	127.30	93.40	149.80	85.90	112.10	101.70
		环境响应B14	造林面积 C33	万hm²	0.90	2.90	4.90	16.30	9.00	8.40
			能源开发利用 C34	%	63.42	68.47	63.78	78.19	88.64	93.04

3. 熵值法确定权重

表 13-2　宁夏土地沙漠化动态 DPSIR 评价指标数据初处理

目标层 O	准则层 A	准则层 B	指标层 C	1990	1994	1999	2004	2009	2014
宁夏沙漠化 DPSIR 系统 O	系统驱动力 A	土地驱动力 B1	耕地种植面积 C1	1.0000	0.9864	0.6156	0.7204	0.7007	0.6175
			人均粮食消费 C2	0.6053	0.5929	0.6156	0.6806	0.7636	1.0000
			家畜养殖规模 C3	0.6568	0.6530	0.7827	0.9857	0.8875	1.0000
		社会驱动力 B2	人口增长率 C4	0.4554	0.6242	0.6956	0.7665	0.8853	1.0000
			GDP 指数 C5	0.9693	0.9855	0.9801	0.9919	1.0000	0.9656
		气候驱动力 B3	风速 C6	0.7333	1.0000	0.9667	0.9667	0.7333	0.6667
			气温 C7	0.8889	0.8889	0.9537	0.9074	0.9537	1.0000
	系统压力 A	土地压力 B4	人均耕地 C8	0.9231	1.0000	0.6667	0.8571	0.8989	0.8136
			化肥使用量 C9	1.0000	0.8351	0.6106	0.5475	0.4767	0.4312
			人口密度 C10	1.0000	0.9320	0.8631	0.7980	0.7453	0.7045
		环境压力 B5	人均农林牧产值 C11	0.0783	0.1353	0.2132	0.3174	0.5786	1.0000
			人均牛羊肉 C12	0.3421	0.4283	0.8008	0.9072	0.9473	1.0000
		气候压力 B6	大风日数 C13	1.0000	0.3125	0.5556	0.2174	0.4545	0.5556
			干旱指数 C14	0.3810	0.3333	0.5714	0.8889	0.6154	1.0000
		气候 B7	年降水量 C15	1.0000	0.6689	0.6998	0.5837	0.6337	0.5419
	系统状态 A	土地资源状态 B8	生态承载力 C16	0.7997	0.7541	1.0000	0.8599	0.8029	0.8013
			单位面积产量 C17	0.8002	0.8295	0.7613	0.8734	1.0000	0.9741
			人均水资源 C18	1.0000	0.9872	0.9238	0.9364	0.7471	0.8440
			非农业人口 C19	0.8932	0.9440	0.9779	0.9579	0.9893	1.0000
		社会文化 B9	城镇化 C20	0.4798	0.5339	0.6070	0.7573	0.8599	1.0000
			农民教育程度 C21	0.6060	0.6977	0.8699	1.0000	0.9421	0.9264
			人均纯收入 C22	0.0707	0.1083	0.2129	0.2759	0.4814	1.0000
	系统影响 A	经济影响 B10	消费系数 C23	0.8422	0.8018	1.0000	0.9518	0.9801	0.9686
			初中生率 C24	0.6437	0.6163	0.7202	0.8766	0.9950	1.0000
			沙漠化面积 C25	0.8861	0.8953	0.9309	0.9518	0.9676	1.0000
		土地环境影响 B11	牧草地 C26	1.0000	0.9995	0.9371	0.8816	0.9013	0.8101
			林地面积 C27	0.3743	0.4704	0.3588	0.7706	0.7855	1.0000

（续表）

目标层 0	准则层 A	准则层 B	指标层 C	1990	1994	1999	2004	2009	2014
宁夏沙漠化 DPSIR 系统 0	系统响应 A	社会响应 B12	可支配收入 C28	0.0610	0.1282	0.1921	0.3100	0.6023	1.0000
			人均粮食占有量 C29	0.7221	0.6993	0.9484	0.8661	0.9544	1.0000
		土壤响应 B13	农田水利投资 C30	0.0045	0.0064	0.0101	0.0777	0.4373	1.0000
			农机投入 C31	0.2351	0.2812	0.4648	0.6501	0.8641	1.0000
			林业投入指数 C32	0.8498	0.6235	1.0000	0.5734	0.7483	0.6789
		环境响应 B14	造林面积 C33	0.0552	0.1779	0.3006	1.0000	0.5521	0.5153
			能源开发利用 C34	0.6816	0.7359	0.6855	0.8404	0.9527	1.0000

基本原理：熵值法是利用评价指标的固有信息来判别指标的效应价值。从而在一定程度上避免了主观因素带来的偏差，其基本原理是：熵是对信息不确定性的度量，熵值越小，所蕴含的信息量越大。因此，若某个属性下的熵值越小，则说明该属性在决策时所起的作用越大，应赋予该属性较大的权重。这也就是可以用熵值法来确定评价指标的权重的依据。

表 13-3　宁夏土地沙漠化动态 DPSIR 评价指标数据标准化处理

目标层 0	准则层 A	准则层 B	指标层 C	1990	1994	1999	2004	2009	2014
宁夏沙漠化 DPSIR 系统 0	系统驱动力 A	土地驱动力 B1	耕地种植面积 C1	0.2155	0.2126	0.1327	0.1552	0.1510	0.1331
			人均粮食消费 C2	0.1422	0.1392	0.1446	0.1598	0.1793	0.2349
			家畜养殖规模 C3	0.1323	0.1315	0.1576	0.1985	0.1787	0.2014
		社会驱动力 B2	人口增长率 C4	0.1029	0.1410	0.1571	0.1731	0.2000	0.2259
			GDP 指数 C5	0.1645	0.1672	0.1663	0.1683	0.1697	0.1639
		气候驱动力 B3	风速 C6	0.1447	0.1974	0.1908	0.1908	0.1447	0.1316
			气温 C7	0.1589	0.1589	0.1705	0.1623	0.1705	0.1788
	系统压力 A	土地压力 B4	人均耕地 C8	0.1789	0.1938	0.1292	0.1661	0.1742	0.1577
			化肥使用量 C9	0.2563	0.2141	0.1565	0.1403	0.1222	0.1105
			人口密度 C10	0.1983	0.1848	0.1712	0.1582	0.1478	0.1397
		环境压力 B5	人均农林牧产值 C11	0.0337	0.0582	0.0918	0.1366	0.2491	0.4305
			人均牛羊肉 C12	0.0773	0.0968	0.1809	0.2050	0.2140	0.2260
		气候压力 B6	大风日数 C13	0.3230	0.1009	0.1795	0.0702	0.1468	0.1795
			干旱指数 C14	0.1005	0.0879	0.1508	0.2345	0.1624	0.2639

（续表）

目标层 O	准则层 A	准则层 B	指标层 C	1990	1994	1999	2004	2009	2014
宁夏沙漠化 DPSIR 系统 O	系统状态 A	气候 B7							
		土地资源状态 B8	年降水量 C15	0.2422	0.1620	0.1695	0.1414	0.1535	0.1313
			生态承载力 C16	0.1594	0.1503	0.1993	0.1714	0.1600	0.1597
			单位面积产量 C17	0.1528	0.1583	0.1453	0.1667	0.1909	0.1860
			人均水资源 C18	0.1839	0.1815	0.1699	0.1722	0.1374	0.1552
		社会文化 B9	非农业人口 C19	0.1550	0.1638	0.1697	0.1662	0.1717	0.1735
			城镇化 C20	0.1132	0.1260	0.1432	0.1787	0.2029	0.2360
	系统影响 A	经济影响 B10	农民教育程度 C21	0.1202	0.1384	0.1725	0.1983	0.1868	0.1837
			人均纯收入 C22	0.0329	0.0504	0.0991	0.1284	0.2240	0.4653
			消费系数 C23	0.1519	0.1446	0.1804	0.1717	0.1768	0.1747
		土地环境影响 B11	初中生率 C24	0.1327	0.1270	0.1484	0.1807	0.2051	0.2061
			沙漠化面积 C25	0.1573	0.1590	0.1653	0.1690	0.1718	0.1776
			牧草地 C26	0.1808	0.1808	0.1695	0.1594	0.1630	0.1465
	系统响应 A	社会响应 B12	林地面积 C27	0.0996	0.1251	0.0954	0.2050	0.2089	0.2660
			可支配收入 C28	0.0266	0.0559	0.0838	0.1352	0.2626	0.4360
			人均粮食占有量 C29	0.1391	0.1347	0.1827	0.1669	0.1839	0.1927
		土壤响应 B13	农田水利投资 C30	0.0029	0.0042	0.0066	0.0506	0.2847	0.6510
			农机投入 C31	0.0673	0.0805	0.1330	0.1860	0.2472	0.2861
			林业投入指数 C32	0.1899	0.1394	0.2235	0.1282	0.1673	0.1517
		环境响应 B14	造林面积 C33	0.0212	0.0684	0.1156	0.3845	0.2123	0.1981
			能源开发利用 C34	0.1392	0.1503	0.1400	0.1716	0.1946	0.2042

（1）数据标准化。为使数据之间具有可比性，对逆向指标采用 $x_{min}/\bar{x}$，正向指标采用 $\bar{x}/x_{max}$（结果如表 13-2），对初处理的数据采用列逐一标准化后得到标准化数据，见表 13-3。

表 13-4　宁夏土地沙漠化动态 DPSIR 权重统计

目标 0	准则层 A	准则层 B	指标层 C	信息熵 e_j	效用值 d_j	权重值 w_j	排序
宁夏沙漠化系统 0	系统驱动力 A1	土地驱动力 B1	耕地种植面积 C1	0.9884	0.0116	0.007 06	15
			人均粮食消费 C2	0.9895	0.0105	0.006 39	17
			家畜养殖规模 C3	0.9918	0.0082	0.005 01	19
		社会驱动力 B2	人口增长率 C4	0.9837	0.0163	0.009 92	13
			GDP 指数 C5	0.9999	0.0001	0.000 06	34
		气候驱动力 B3	风速 C6	0.9927	0.0073	0.004 43	21
			气温 C7	0.9994	0.0006	0.000 36	31
	系统压力 A2	土地压力 B4	人均耕地 C8	0.9957	0.0043	0.002 59	24
			化肥使用量 C9	0.9739	0.0261	0.015 86	11
			人口密度 C10	0.9958	0.0042	0.002 55	25
		环境压力 B5	人均农林牧产值 C11	0.8260	0.1740	0.105 69	4
			人均牛羊肉 C12	0.9623	0.0377	0.022 92	10
		气候压力 B6	大风日数 C13	0.9383	0.0617	0.037 49	7
			干旱指数 C14	0.9581	0.0419	0.025 43	8
		气候 B7	年降水量 C15	0.9878	0.0122	0.007 39	14
	系统状态 A3	土地资源状态 B8	生态承载力 C16	0.9976	0.0024	0.001 46	28
			单位面积产量 C17	0.9972	0.0028	0.001 71	26
			人均水资源 C18	0.9974	0.0026	0.001 60	27
		社会文化 B9	非农业人口 C19	0.9996	0.0004	0.000 27	33
			城镇化 C20	0.9812	0.0188	0.011 43	12
			农民教育程度 C21	0.9918	0.0082	0.005 01	20
	系统响应 A4	经济影响 B10	人均纯收入 C22	0.8074	0.1926	0.116 98	2
			消费系数 C23	0.9982	0.0018	0.001 11	29
			初中生率 C24	0.9894	0.0106	0.006 43	16
		土地环境影响 B11	沙漠化面积 C25	0.9995	0.0005	0.000 32	32
			牧草地 C26	0.9985	0.0015	0.000 91	30
			林地面积 C27	0.9589	0.0411	0.024 95	9

（续表）

目标 O	准则层 A	准则层 B	指标层 C	信息熵 e_j	效用值 d_j	权重值 w_j	排序
宁夏沙漠化系统 O	系统响应 A5	社会响应 12	可支配收入 C28	0.8087	0.1913	0.116 17	3
			人均粮食占有量 C29	0.9948	0.0052	0.003 15	23
		土壤响应 13	农田水利投资 C30	0.4806	0.5194	0.315 45	1
			农机投入 C31	0.9315	0.0685	0.041 59	6
			林业投入指数 C32	0.9898	0.0102	0.006 17	18
		环境响应 14	造林面积 C33	0.8549	0.1451	0.088 11	5
			能源开发利用 C34	0.9934	0.0066	0.004 01	22

（2）计算第 j 项的指标信息熵和信息效用。第 J 项指标的信息熵值为

$$e_j = - K \sum_{i=1}^{m} y_{ij} \ln y_{ij}$$

其中，$K = 1/\ln m$，$0 \leqslant e_j \leqslant 1$；第 J 项指标的信息效用价值为信息熵与 1 之间的差值，即 $d_j = 1 - e_J$（见表 13-4）。

（3）评价指标的权重。利用熵值法估算各指标的权重，其本质是利用指标信息的价值系数来计算的，其价值系数越高，对评价的重要性就越大。最后可以得到第 J 项指标的权重为 $W_j = d_j / \sum_{i=1}^{n} d_j$。

四、沙漠化治理评价

1. 单因子评价

从表 13-4 中可以看出，DPSIR 系统中系统响应权重第一为 0.574 65，其余依次为系统压力为 0.212 53，系统影响为 0.1507、驱动力为 0.033 23、系统状态为 0.028 87。土地沙漠化预警系统业中系统响应是最重要的措施。驱动力权重最小，主要是由于干旱风沙区农业生产基础薄弱，显现不出来现代化农业所必需的驱动力因素。

总排序子系统分析，在系统驱动力中人口增长率权重最高 0.009 92，总排名第 13；在系统压力中人均农林牧产值权重最高 0.105 69，排名第 4。在系统状态中城镇化权重最高为 0.011 43，总排名第 12。在系统影响中人均纯收入权重最高 0.116 98，排名第 2。在系统响应中农田水利投资最高 0.315 45，排名第 1。

总排序单个因子分析，农田水利投资权重最大为 0.315 45，水资源是干旱风沙区重要的资源，决定了农业生产的发展，严重制约着旱地农业的总体效益。第二为人均纯收入 0.116 98，农民人均纯收入主要是依靠农牧业生产获得。第三为可支配收入权重 0.116 17，农民人均纯收入的增多，必将会拿出一部分资金用于生产条件的改善。可支配资金的投入有助于土地沙漠化的治理。第四为人均农林牧产值 0.105 69，由于农牧业的生产必定要在土地上进行，势必会对土地沙漠化的进程起到推动作用。

2. 综合评价

根据加权平均法思路，本文的综合评价过程如下：

——计算指标层隶属于各因子的评价指标评价值。

例如，隶属于驱动力因子的第 i 个评价指标的评价值 $f(A_{1pl})$ 为：

$$f(A_{1pi}) = W_{pi} \cdot X_{plk}$$

$f(A_{1pi})$ ——隶属于驱动力类因子的第 i 个指标的评价值；

X_{plk}——隶属于驱动力类因子的第 i 个指标在第 k 年的原始数据经指标类型一致化处理和指标无量纲化处理后的数值；

W_{pi}——隶属于驱动力类因子的第 i 个指标的综合权重，其中 $0 \leq W_{pi} \leq 1$，且 $\sum W_{pi} = 1$。同理，可求得隶属于压力因子、状态因子、影响因子和响应因子的第 i 个指标的评价值 $f(A_{2pi})$、$f(A_{3pi})$、$f(A_{4pi})$、$f(A_{5pi})$。

——计算准则层因子指标的评价值

$$f(A_1) = \sum f(A_{1pi}), f(A_2) = \sum f(A_{2pi}), f(A_3) = \sum f(A_{3pi}),$$
$$f(A_4) = \sum f(A_{4pi}), f(A_5) = \sum f(A_{5pi})$$

——计算目标层，即水资源可持续利用综合评价值（表 13-5）

$$f(S) = f(A_1) W_{A1} + f(A_2) W_{A2} +$$
$$f(A_3) W_{A3} + f(A_4) W_{A5} + f(A_5) W_{A5}$$

表 13-5　宁夏土地沙漠化动态 DPSIR 评价指标数据标准化处理

目标层 0	准则层 A	1990	1994	1999	2004	2009	2014
	系统驱动力 A	0.0048	0.0054	0.0051	0.0057	0.0058	0.0063
	系统压力 A	0.0250	0.0188	0.0277	0.0308	0.0436	0.0666
土地沙漠化预警 DPSIR 系统 0	系统状态 A	0.0045	0.0042	0.0046	0.0049	0.0052	0.0054
	系统影响 A	0.0076	0.0102	0.0153	0.0217	0.0331	0.0628
	系统响应 A	0.0108	0.0191	0.0300	0.0753	0.1517	0.2877
	合计	0.0527	0.0576	0.0828	0.1384	0.2395	0.4289

（1）驱动力变化情况。驱动力从 1990—2014 年一直呈现上升趋势，可持续状态一直良好，主要是由于人口纯收入的增加，以及人均 GDP 增长的需要，特别是人口增长率的增加，有力的促进土地利用的驱动力增加。驱动力变化情况趋势数学模型为：

$$y = 0.0003x + 0.0046 \quad (R^2 = 0.865)$$

（2）压力变化情况。压力从 1990—2014 年有上升趋势，主要是由于人口密度增加，人均耕地减少，人均农林牧产值增加以及干旱指数的增大等为沙漠化治理带来巨大压力。压力情况变化数学模型为：

$$y = 0.0153e^{0.2151x} \quad (R^2 = 0.8114)$$

（3）状态变化情况。状态变化从 1990—2014 年有上升趋势，可持续发展一直处于良好。由于压力的表现，所呈现出相应的状态，生态承载力、单位面积产量、城镇化率、农民受教育程度得到提高，对土地的压力有所减少。有利于沙漠化治理的开展。状态情况变化数学模型为：

$$y = 0.0011x + 0.0049 \quad (R^2 = 0.8568)$$

（4）影响变化情况。影响变化从 1990—2014 年一直处于上升趋势，在经济增长、社会积极响应的背景下，沙漠化治理的消极影响在减弱，积极影响在加强。人均纯收入在增加，林地面积增加，沙漠化面积减少，系统载力保持持续稳定增长，消费指数也有所增长，群众素质得到有效提高，沙漠化治理对群众生产积极性起到有效的促进影响作用。影响情况变化数学模型为：

$$y = 0.0032e^{0.4547x} \quad (R^2 = 0.9824)$$

（5）响应变化情况。响应变化从 1990—2014 年一直处于直线上升趋势，而且持续加强。在沙漠化地区，农民生活是第一位的，农民存粮能够满足需求，且有余粮，对土地压力减小，现代农业需要农田水利建设，生产实现农机化，从而提高生产效率，增加群众经济收入，可支配收入就会增加，都为沙漠化治理提供良好的保障。造林面积增大，生态环境得到改善，能源开发利用率提高，也减轻了群众能源主要依靠田间林木等资源，也对沙漠化治理提供了保障。响应情况变化数学模型为：

$$y = 0.005e^{0.6729x} \quad (R^2 = 0.9921)$$

3. 沙漠化治理体系可持续发展情况

（1）总体发展情况。从图 13-4 中可以看出，宁夏沙漠化综合治理体系从 1990—2014 年可持续发展评价值一直上升，可持续状态从一般转变为良好到优秀。说明通过多年的沙漠化治理，宁夏沙漠化治理总体发展情况较好。可持续发展趋势数学模型为：

$$y = 0.0268e^{0.4364x} \quad (R^2 = 0.9606)$$

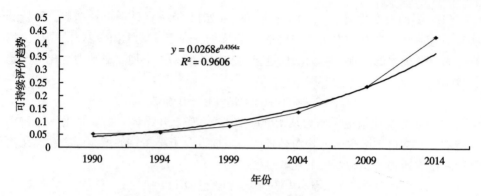

$$y = 0.0268e^{0.4364x}$$
$$R^2 = 0.9606$$

图 13-4　沙漠化治理可持续评价趋势

应用 TOPSIS 法对各年度综合可持续发展排名评价，评价权重值采用熵值法中所得权重值，结果如下表 13-6 所示。

表 13-6　TOPSIS 法评价指标值及排序

样本	D+	D-	统计量 CI	名次
1990 年	2.0435	0.7858	0.2777	4
1994 年	2.0019	0.4719	0.1908	6
1999 年	1.7874	0.6494	0.2665	5
2004 年	1.5548	1.0840	0.4108	3
2009 年	1.1436	1.1973	0.5115	2
2014 年	0.7556	1.9596	0.7217	1

2014 年（0.7217）＞2009 年（0.5115）＞2004 年（0.4108）＞1990 年（0.2777）＞1999 年（0.2665）＞1994 年（0.1908）。

（2）宁夏沙漠化综合治理系统年度发展情况分析。1990 年各指标权重指标大小依次为：压力（0.0250）＞响应（0.0108）＞影响（0.0076）＞驱动力（0.0048）＞状态（0.0045）。

1994 年各指标权重指标大小依次为：响应（0.0191）＞压力（0.0188）＞影响（0.0102）＞驱动力（0.0054）＞状态（0.0042）。

1999 年各指标权重指标大小依次为：响应（0.0300）＞压力（0.0277）＞影响（0.0153）＞驱动力（0.0051）＞状态（0.0046）。

2004 年可持续发展各指标权重指标大小依次为：响应（0.0753）＞压力（0.0308）＞影响（0.0217）＞驱动力（0.0057）＞状态（0.0049）。

2009 年可持续发展各指标权重指标大小依次为：响应（0.1517）＞压力

（0.0436）＞影响（0.0331）＞驱动力（0.0058）＞状态（0.0052）。

2014 年可持续发展各指标权重指标大小依次为：响应（0.2877）＞压力（0.0666）＞影响（0.0628）＞驱动力（0.0063）＞状态（0.0054）。

从各年的指标权重来看，除了 1990 年压力最大，1994—2014 年响应的权重一直处于最大的地位，近年来，宁夏在沙漠化治理中投入较大的财力和人力，因此响应程度也越来越强。随着人口的增多，农民生活质量要提高，生产要搞好，对整个沙区的压力也一直在增加，但增加幅度没有响应的权重大。影响就是在驱动力和压力的作用下产生的结果，农民人均纯收入逐渐摆脱过度依赖土地的现状，受教育程度也逐步提高。土地沙漠化"状态"的变化以及未来发展趋势不会只与某一因素有关，而应该是诸多因素共同作用的结果，由于现代农业摆脱广种薄收的局面，设施农业对土地的依赖逐渐减小，特别是城镇化的加快，乡村从事农牧业生产的人员越来越少，对土地的驱动力也明显不足，人类的在土地上的活动减少，也减少了对生态环境的破坏，特别是近年来生态移民迁出脆弱区，对生态脆弱区的保护也进一步提高。由于沙区农业生产方式相对比较落后，驱动力的不足，对状态的改变也就较弱，所产生的影响也就相对其他几个指标较弱。

（3）沙漠化治理采取措施。沙漠化综合治理是介于自然、生态和社会经济之间的复合系统，系统中各因素之间的相互作用相当复杂，借助于 DPSIR 概念模型有助于简化这一过程。通过全面分析宁夏沙漠化治理系统的"驱动力""压力""状态""影响"和"响应"，有助于理解影响宁夏沙漠化治理系统中各因素的作用过程以及彼此之间的因果关系，从而为建立旱地宁夏沙漠化治理评价指标体系，实现资源优化配置奠定基础。因此，我们首先要以评估宁夏沙漠化系统的现状及其变化为基础，分析造成宁夏沙漠化系统的现状和变化的原因和对系统的压力，然后确定宁夏沙漠化系统现状对当地群众生活、生产和环境的影响，来调整当前宁夏沙漠化治理措施并实现良性发展。根据以上分析过程和评价结果，由 DPSIR 模型中"响应"模块的功能，提出以下宁夏沙漠化治理良性发展过程中提高"驱动力"、降低"压力"、恢复"状态"和消除"影响"、积极"响应"的治理措施。

五、小结

由统计数据的对比分析可知，宁夏沙化土地面积明显减少，沙化程度有所减轻，植被盖度明显增加，防沙治沙工作取得了明显成效。主要原因是中央对西部开发中在生态环境建设上加大了投入，如三北防护林工程、退耕还林工程、小流域治理工程、基本农田建设项目和天然保护林工程等项目的实施，加之宁夏自2003 年实行全面禁牧和盐环定扬黄工程，固海、同心扬黄扩建工程的建设，使宁夏沙化土地总体面积明显变小。

从时间序列来看宁夏沙化土地面积自 20 世纪 70 年代开始逐年减少，总体减少 16.5 万 hm²，其主要原因是随着固海、同心扬黄扩建工程、盐环定扬黄工程、红寺堡开发等项目的建设，在沙化土地上增加水浇地面积 8.7 万 hm²；在沙化区域的农田基本建设，贺兰山东麓开发，中卫沙坡头沙区开发及农业综合开发项目增加水浇地 8.5 万 hm²，是沙化土地面积逐步减少，沙化土地类型变化的原因。由流动沙地、半固定沙地和固定沙地之间数据的变化分析可知，近年来宁夏生态建设已取得了可喜成绩。主要表现在流动沙地、固定沙地面积较大幅度减少，固定沙地面积大幅度增加，这说明宁夏通过三北防护林工程、退耕还林工程、天然保护林工程等项目的实施，各类型沙地面积得到有效控制。据统计，毛乌素沙地近年来通过各种人工措施造林种草超过 40 万 hm²。将 2004 年、2009 年沙化调查结果与 2003 年、2008 年卫星影像图进行比较，可以看出，宁夏盐池县的王乐井乡、高沙窝镇，中卫市的迎水桥乡，原陶乐县的马汰沟乡等地的流动沙地，通过人工造林、退耕还林、封山育林、飞播造林等措施将 3 万 hm² 流动沙地有效地转化为固定沙地；而盐池县的冯记沟乡、惠安堡镇，灵武市的白土岗，原陶乐县的月牙湖，中卫市的东园乡、中卫县林场、镇罗乡等地，有近 5 万 hm² 流动沙地转化为半固定（流动）沙地；以毛乌素沙地为代表的半固定沙地转化为固定沙地超过 6 万 hm²。多次监测结果表现，有的区域存在着固定沙地遭到破坏后变为流动沙地的现象，如中卫市的镇罗乡、宣和镇等地；由半固定沙地变为流动沙地的也较多，如灵武市的磁窑堡镇等地沙化土地沙化程度的变化。通过多次监测数据对比分析，宁夏沙化程度总体由中度和重度向轻度转化，也就是说，沙化土地逐步向好的趋势转变。其主要原因是，自 2000 年宁夏开始实施退耕还林工程和三北防护林工程。多年来，退耕造林面积达 30 万 hm²，荒山造林面积达 47 万 hm²，同时，2003 年 5 月，宁夏全区实施封山禁牧工程，使林草植被盖度得到有效恢复，沙化程度明显转变，生态环境明显得到改善。

宁夏沙化土地变化趋势是整体好转，沙化面积逐年减少，沙区植被盖度逐渐增加，沙化程度逐步减轻，沙尘暴天气次数随之降低，整体环境进一步好转。然而，防沙治沙工作是一项艰苦而伟大的事业，做好防沙治沙工作，是拓展中华民族生存和发展空间的战略任务，是改善人民生产生活条件，促进沙区经济社会可持续发展和农牧民增收的必然途径，是推进构建社会主义和谐社会的重要保障。要做好防沙治沙工作，就必须实现沙化土地的监测体系，不断丰富监测内容强化监测因子，为防沙治沙提供科学可靠的技术数据，逐步实现沙化土地监测与治理同步实施，更好地为防沙治沙工作服务。

主要参考文献

包慧娟 . 2004. 沙漠化地区可持续发展研究——以科尔沁沙地奈曼旗地区为例 [D]. 长春：中国科学院东北地理与农业生态研究所 .

卞建民，汤洁，林年丰 . 2001. 松嫩平原西南部土地碱质荒漠化预警研究 [J]. 环境科学研究，14 (6)：47-49.

常学礼，鲁春霞，高玉葆 . 2003. 人类经济活动对科尔沁沙地风沙环境的影响 [J]. 资源科学，25 (5)：78-83.

陈建平，丁火平，王功文，等 . 2004. 基于 GIS 和元胞自动机的荒漠化演化预测模型 [J]. 遥感学报，8 (3)：254-260.

慈龙骏 . 1994. 全球变化对我国荒漠化的影响 [J]. 自然资源学报，9 (4)：289-303.

慈龙骏，吴波 . 1997. 中国荒漠化气候类型划分与潜在发生范围的确定 [J]. 中国沙漠，17 (2)：107-111.

丁建丽，塔西甫拉提·特依拜 . 2009. 绿洲 LUCC 变化与生态安全响应机制 [M]. 乌鲁木齐：新疆大学出版社 .

董光荣，吴波，慈龙骏，等 . 1999. 我国荒漠化现状、成因与防治对策 [J]. 中国沙漠，19 (4)：318-332.

董光荣，申建友，金炯，等 . 1990. 试论全球气候变化与沙漠化的关系 [J]. 第四纪研究 (1)：91-98.

董光荣，等 . 中国沙漠形成演化气候变化与沙漠化研究 [M]. 北京：海洋出版社，2002.

高尚武，王葆芳，朱灵益，等 . 1998. 中国沙质荒漠化土地监测评价指标体系 [J]. 林业科学，34 (2)：1-10.

高惠璇 . 2005. 应用多元统计分析 [M]. 北京：北京大学出版社 .

高波 . 2007. 基于 DPSIR 模型的陕西水资源可持续利用评价研究 [D]. 西安：西北工业大学 .

何晓群 . 1998. 现代统计分析方法与应用 [M]. 北京：中国人民大学出版社 .

胡培兴 . 2002. 中国沙化现状及防治对策浅谈 [J]. 林业建设，6：3-9.

李诚志.2012.新疆土地沙漠化监测与预警研究［D］.新疆：新疆大学.

李虎,高亚琪,王晓峰,等.2004.新疆土地荒漠化监测分析［J］.地理学报,59（2）：197-202.

李谢辉,塔西甫拉提·特依拜.2008.绿洲荒漠过渡带生态环境变化预警线提取与分析研究——以新疆和田绿洲为例［J］.中国沙漠,28（1）：77-82.

李艳春,赵光平,胡文东.2005.宁夏中北部沙尘暴过程中气象要素变化特征及成因分析［J］.高原气象,24（2）：212-217.

林进,周卫东.1998.中国荒漠化监测技术综述［J］.世界林业研究,5：58-63.

刘蔚,王涛,郑航,等.2008.黑河流域不同类型土地沙漠化驱动力分析［J］,中国沙漠,28（4）：634-641.

卢琦,刘力群.2003.中国防治荒漠化对策［J］.中国人口·资源与环境（1）：86.

卢琦,杨有林.2001.全球沙尘暴警世录［M］.北京：中国环境科学出版社.

买买提·沙吾提,塔西甫拉提·特依拜,丁建丽,等.2008.BP神经网络的沙漠化土地信息提取研究［J］.干旱区研究,25（5）：647-652.

马世威,马玉明,姚洪林,等.1998.沙漠学［M］.呼和浩特：内蒙古人民出版社.

宁夏通志编纂委员会.2008.宁夏通志·地理环境篇［M］.北京：方志出版社.

齐善忠,罗芳,王涛.2006.人为因素在沙漠化过程中作用程度的定量化研究［J］.水土保持研究,13（4）：4-5.

石书兵,杨镇,乌艳红,等.2013.中国沙漠、沙地、沙生植物［M］.北京：中国农业科学技术出版社.

王国强.2009.沙漠化与沙产业［M］.银川：宁夏人民出版社.

王让会,樊自立.1998.利用遥感和GIS研究塔里木河下游阿拉干地区土地沙漠化［J］.遥感学报,2（2）：137-142.

王让会,宋郁东,樊自立,等.2000.3S技术在新疆塔里木河下游生态环境动态研究中的应用［J］.南京林业大学学报,24（4）：59-63.

王忠静,郑吉林,王海锋.2004.荒漠化预警模型及其应用研究［J］.中国农村水利水电（9）：4-7.

王君厚,孙司衡.1996.荒漠化类型划分及其数量化评价体系［J］.干旱环境监测，10（3）：129-137.

吴正．2003．风沙地貌与治沙工程学［M］．北京：科学出版社．

吴薇，王熙章，姚发芬．1997．毛乌素沙地沙漠化的遥感监测［J］．中国沙漠（4）415-420.

吴薇．1997．沙漠化遥感动态监测的方法与实践［J］．遥感技术与应用，12（4）：15-21.

沙占江，曾永年，李玲琴，等．2000．土地沙漠化动态监测的遥感与GIS——体化探讨——以龙羊峡库区为例［J］．干旱区地理，23（3）：274-278.

孙保平，关文彬，赵廷宁，等．2000．21世纪中国荒漠化预防及治理技术研究展望［J］．中国农业科学导报，2（1）：54-57.

唐启义，冯明光．2002．实用统计分析及其DPS数据处理系统［M］，北京：科学出版社．

俞立民，汪泽鹏，姜爱东，等．2011．宁夏沙化土地动态变化趋势分析［J］．宁夏农林科技，52（09）：54-56.

中华人民共和国林业部防治沙漠化办公室．1994．联合国关于发生严重干旱和/或荒漠化的国家特别是在非洲防治荒漠化的公约［M］．北京：中国林业出版社．

赵正华．2004．固沙用新材料及野外固沙综合技术研究［D］．兰州：兰州大学．

张东，丁国栋，马士龙，等．2005．浑善达克沙地荒漠化灾害预警指标体系的研究［J］．水土保持研究，12（6）：79-82.

张东．2005．浑善达克沙地荒漠化灾害预警指标体系的研究［D］．北京：北京林业大学．

张东，丁国栋，马士龙，等．2005．浑善达克沙地荒漠化灾害预警指标体系的研究［J］．水土保持研究，12（6）：79-82.

张克斌，李瑞，王百田．2009．植被动态学方法在荒漠化监测中的应用［M］．北京：中国林业出版社．

张爱胜，李锋瑞，王涛．2005．典型区域土地沙漠化综合管理系统动力学模型分析［J］．中国沙漠，25（5）：769-774.

钟德才．1998．中国沙海动态演化［M］．兰州：甘肃文化出版社．

朱震达．1985．中国北方沙漠化现状及其发展趋势［J］．中国沙漠，5（3）：1-10.

朱震达．1993．荒漠化概念的新进展［J］．干旱区研究，10（4）：8-10.

朱震达．1991．中国的脆弱生态带与土地荒漠化［J］．中国沙漠，11（4），

11-19.

朱震达，刘恕，邸醒民. 1989. 中国的沙漠化及其治理［M］. 北京：科学出版社.

朱震达，吴正，刘恕，等. 1980. 中国沙漠概论［M］. 北京：科学出版社.

朱俊凤，朱震达. 1999. 中国沙漠化防治［M］. 北京：中国林业出版社.

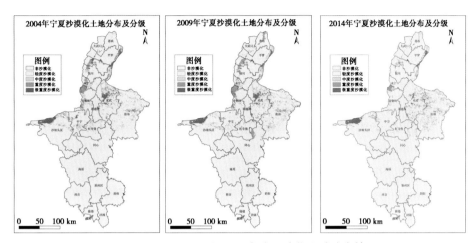

附图 1   2004、2009 和 2014 年宁夏沙化土地分布情况

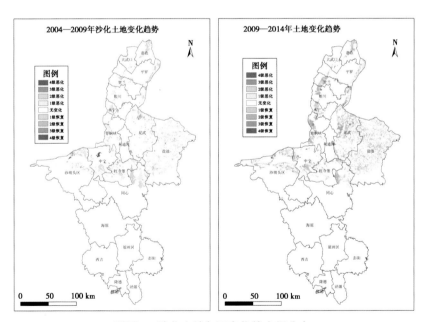

附图 2   沙化土地年际变化的空间分布

附图 3　宁夏沙化土地敏感区（a）和 53 年
平均降水量（b）的对比

附图 4　2001—2015 年宁夏植被
覆度盖度变化趋势

附图 5　土壤分区
（宁夏通志）
　　　　附图 6　自然区划
（宁夏通志）
　　　　附图 7　自然资源分布
（宁夏通志）